品茶图鉴

214种茶叶、茶汤、叶底原色图片

陈宗懋 俞永明 梁国彪 周智修 著

译林出版社

图书在版编目（CIP）数据

品茶图鉴 / 陈宗懋等著. —南京：译林出版社，2016.12
ISBN 978-7-5447-6595-4

Ⅰ.①品… Ⅱ.①陈… Ⅲ.①品茶－中国－图解 Ⅳ.①TS971-64

中国版本图书馆CIP数据核字（2016）第218737号

书　　名	品茶图鉴
作　　者	陈宗懋　俞永明　梁国彪　周智修
责任编辑	韩继坤
特约编辑	谭秀丽
出版发行	凤凰出版传媒股份有限公司
	译林出版社
出版社地址	南京市湖南路1号A楼，邮编：210009
电子信箱	yilin@yilin.com
出版社网址	http://www.yilin.com
印　　刷	北京天恒嘉业印刷有限公司
开　　本	787×1092毫米　1/16
印　　张	18
字　　数	415千字
版　　次	2016年12月第1版　2023年10月第2次印刷
书　　号	ISBN 978-7-5447-6595-4
定　　价	90.00元

译林版图书若有印装错误可向承印厂调换

前言 Introduction

中国是茶的原产地，是茶文化的故乡。中华民族最早发现、栽培、加工和品饮茶。在中国人的生活中，茶不仅是解渴的饮料，更是生活和文化中精致风雅的一部分。

"寒夜客来茶当酒"，以茶会友、客来敬茶是中华民族的传统礼节。"柴米油盐酱醋茶"，茶更是中华民族家庭生活开门七件事之一。如今，世界上有50多个国家种茶，有160多个国家和地区的人民饮茶，茶已遍及全世界。尽管饮茶习俗因各国的国情和文化特征而有所差异，但它源自中华。

在漫长的历史岁月中，茶由药用变为饮用，由粗放煎饮发展为细斟慢啜的品饮艺术。随着科学技术的发展，对茶的研究由茶叶的外观深入到茶叶的内质，从单纯味觉的享受发展为对茶叶内含成分的利用。茶的魅力长盛不衰。当跨入一个新世纪时，让我们追溯历史，纵观几千年中华茶业的发展历程；放眼现代，浏览丰富多彩的中华茶类和品饮方式。

愿这本小小的茶书伴随着读者一起走进茶的世界。

编者

目录 Contents

第1章
饮茶的历史

饮茶始于中国，由最早的"药用"
到现今的"茗饮"，
至今已有超过两千年的历史。茶的型态，
也从饼茶一直演变为现今最常见的散茶。

饮茶始于中国，中国人饮茶已有数千年的历史。究竟最早在何时开始饮茶呢？目前说法不一。《本草》中记载有"神农尝百草，日遇七十二毒，得茶而解之"，但当时茶主要是作为药用，而真正的"茗饮"应是秦统一巴蜀之后的事。

实际上，在春秋、战国时期（公元前770～公元前221年）中国就已经有饮茶的习惯，但关于茶的最早文字记载是在西汉末年王褒的《僮约》中，内有"烹茶尽具"及"武阳买茶"两句，那是2000多年以前的事。许多书籍中都有"巴蜀是茶文化的摇篮"之说。到西汉时期（公元前206～公元25年），不但饮茶已成为时尚，而且已有专门的饮茶用具，达到商品化的程度。不只在先秦，而且在秦汉直至西晋，巴蜀仍是中国茶叶生产和技术的重要中心。

秦汉时期，随着经济、文化的发展，茶树的种植范围也逐渐扩大，由巴蜀扩大到湘、粤、赣地区。至于饮茶方式，在汉代已有完整的待客茶宴，饭后主人用茶器烹茶待客。到了三国时期（公元220～280年），孙吴据有的现江苏、安徽、江西、湖南、湖北、广西一部分和广东、福建、浙江的全部陆地，也是这一时期茶业发展的主要区域。在巴蜀一带的人民就有用茶和米膏制成茶饼的做法。喝茶时先把茶烤成红色，再捣成茶末，冲泡饮用，或将茶末和葱、姜等食物放在一起煮饮，前者是泡茶，后者是煮茶，煮茶在当时是饮茶的主要方式。到了晋代主要采用纯茶（而不是调和茶）进行烹煮饮用。

在南北朝时期（公元420～589年），除上述煮茶、泡茶的饮茶方式外，药茶也开始出现，渗入了本草的范围。东晋和南朝时期，中国茶业出现向东南部推进的局面，茶树种植也由浙西向浙东地区（今温州、宁波沿海）扩展。

隋朝的历史不长，有关茶的记载也不多，但隋朝统一了全国并修造了一条沟通南北的运河，对于茶业的发展起了极为重要的作用。

唐朝是中国茶业的一个重要发展时期，尤其唐朝中期，饮茶习俗由南方传到中原地区，再由中原地区传到边疆少数民族地区，成为中国举国之饮。从唐朝开始，茶始见诸著作，向边疆销售，并开始收茶税，所以在中国史籍上有"茶兴于唐"之说。中国最早的茶叶著作《茶经》也是由唐代陆羽所写，并流传后世，广誉全球。此时中国茶区的分布已遍及现在的四川、陕西、湖北、云南、广西、贵州、湖南、广东、福建、江西、浙江、江苏、安徽、河南等 14 个省区，和现在的茶区呈现基本相近的局面。

《茶经》是中国第一本茶叶专书

唐代的饮茶方式，在早期和六朝以前没有太大区别，到了唐代中期，陆羽所著《茶经》中已有介绍，当时的茶分四种：粗茶、散茶、末茶、饼茶。粗茶相当于笨重的大块茶饼。散茶是把茶直接烘焙干了的叶茶，饮用前先磨成粉末。末茶是用散茶磨成的粉末。饼茶是用原来巴蜀一带的制茶法制成，饮用时要先打碎，再烤熟、磨碎后冲泡浸渍而饮，也可加入作料饮用。陆羽曾对传统的制茶方式做过改进，在制作上采用春天的嫩芽叶，而不是老叶，采后用蒸青法杀青，然后搓成泥末，再拍打成饼，放入温火中焙干。

宋朝在中国茶业发展史上是非常重要的一个时期，有"茶兴于唐而盛于宋"之说。宋朝茶业重心南移，出现建茶崛起的现象。建茶是广义的武夷茶区，即今闽南和岭南一带。宋朝在茶类上发生了很大的变化，由唐代以前的紧压茶变为末茶、散茶，但在数量上仍以团茶、饼茶占优势。同时出现了用香花薰制的调和茶。乌龙茶最早是在后周（公元 951 ~ 960 年）产生的；北宋时期（公元 960 ~ 1127 年）由团茶、饼茶向散茶过渡；到了元朝散茶明显超过团茶、饼茶，成为主要的生产茶类。

《茶经》著者——陆羽像

在饮茶方法上，宋代采用的是点茶饮法，已相当接近于我们现代的饮用方法：先煮水，后暖盏，第三步才把茶末放入盏中，第四步倒入沸水，第五步点茶，即用茶匙击拂茶汤，实际是起搅拌的作用，把茶汤倒出，再加入沸水，如此数次。

元朝和明朝，是中国由点茶步入泡茶的过渡时期。叶茶和芽茶已是中国茶叶生产和消费的主要形式，而团茶、饼茶主要在边疆地区生产，作为贡茶。当时的叶茶和芽茶已用嫩叶为主进行加工，也同时生产末茶

4

和调和茶，饮法上加入胡桃、松仁、杏、栗等食品调制煮饮。

明朝散茶全面发展。各地出现大量名茶，在制茶技术上也有很大的改进，如改蒸青为炒青。这种改进的炒青茶，至今仍是中国的大宗茶类。到明末清初（即公元 1573～1693 年）在绿茶制作上分为蒸青、炒青和晒青三种，但以炒青为主，还相继出现了黄茶、黑茶和直接晒干或烘干的白茶。饮茶方法和现代饮茶方法近似，但茶叶一般先经洗茶，即先用半沸水清洗一遍，以清除茶中不洁之物，然后用茶壶泡饮。

从 1693 年起，红茶开始出现，因此当时已有绿茶、红茶、乌龙茶、黄茶、白茶和黑茶六个大类。饮茶方法多为泡饮法，有用紫砂壶，也有用盖碗泡的。到民国时期逐渐改用茶杯泡饮。上述饮用方式一直延续到现今社会。

明朝时期的文化茶礼

第2章
认识茶树

中国最古老的茶树"大红袍"（福建武夷山）

茶树原产于中国西南山区，树型可分为灌木、
小乔木和乔木，具有喜温、喜湿、
喜酸、耐阴的特性，宜在年平均气温15℃～25℃之间
的高山、丘陵、平地都可见到。

6

灌木型的茶树

小乔木型的茶树

茶树的学名：Camellia sinensis (L.) O.Kuntze.

茶树是一种多年生木本常绿植物。在植物分类学上属双子叶植物纲，山茶目，山茶科，山茶属，与庭园种植的山茶花（观赏植物）同属，但不同种。

一、形态特征

茶树的树型有灌木、小乔木和乔木。栽培茶树多为灌木型，树高1～3米，无明显主干；小乔木茶树在中国南方的福建、广东一带栽培较多，有较明显的主干，离地20～30厘米处分枝；乔木茶树树势高大，有明显的主干，云南等地原始森林中生长的野生大茶树都属此类，一般树高都能达数米至十多米，每当采茶季节，往往要用梯子或爬到树上采茶。

茶树叶片是单叶互生，形状分披针形、椭圆形、长椭圆形、卵形、卵圆形等几种，但以椭圆形和卵圆形的居多。叶面积的大小常作划分品种的依据。一般以定型叶为标准，按叶长 × 叶宽 ×0.7(系数)计算。凡面积在 60 平方厘米以上的为特大叶，40～60平方厘米之间的为大叶，20～40平方厘米之间的为中叶，20平方厘米以下的为小叶。

叶片有明显的主脉，主脉上又分出侧脉5～15对，呈60度角伸展至叶缘2/3处即向上弯曲呈弧形，与上方侧脉相连，组成一个闭合网状输导系统。这是茶树叶片的重要特征之一。叶尖形状有锐尖、钝尖、圆尖等三种，叶尖形状为茶树分类的依据之一。

茶树叶片的面积大小会有不同，通常也是区别品种的依据之一

叶片上有明显的主脉

锐尖　钝尖　圆尖

叶片的叶尖形状

不同形态的茶芽

一芽一叶　　　　一芽二叶　　　　一芽三叶　　　　对夹叶

　　叶片由芽发育而成，有鳞片、鱼叶和真叶之分。鳞片色泽黄绿，呈覆瓦状着生在营养芽的最外层，起保护幼芽的作用。当芽体膨大开展，鳞片会很快脱落。鱼叶是发育不完全的真叶，因其形如鱼鳞而得名，其主脉明显，侧脉隐而不显。茶芽生长过程中，长出鱼叶之后便是真叶。其色泽、厚度，因品种、季节、树龄、生长条件及栽培方式而有所差异。幼芽和嫩叶是被采摘、利用的对象，成熟叶和老叶进行光合作用，是制造养分、维持茶树生长的重要器官。

茶树上的芽叶（左图）
幼芽和嫩叶（右图）
白色花，开花期在10月（下图）

　　茶树的根由主根、侧根、细根、根毛组成。主根可垂直深入土层 2～3 米，一般栽培的灌木型茶树根系深入土层 1 米左右。主根又分出侧根、细根，起输导水分和养分的作用，故称输导根。细根上有根毛，担负对土壤养分和水分的吸收，故称为吸收根。侧根、细根和根毛共同组成茶树的根群。根群的分布幅度一般比树冠大 1～1.5 倍。

　　成年的茶树，主干上分出侧枝，侧枝有多级分枝，这就形成了茶树丛状树冠。未经采摘的自然生长茶树，分枝少，常呈塔状分布。采摘的茶树，由于不断摘去顶梢和修剪措施，抑制茶树向上生长，促使其横向扩展，因此常形成弧形或平面形的采摘面。

茶树的果实

茶树的花属两性花，常为白色，由花柄、花萼、花瓣、雄蕊、雌蕊等组成。花芽一般6月中下旬形成，秋季10月开花，由开花到果实成熟，大约要一年零四个月的时间。

茶果实为蒴果，有1～5室，通常以二球果与三球果为多。种子由种壳、种皮、子叶和胚组成。茶籽含有丰富的脂肪、淀粉、糖分和少量的皂素。茶籽可以榨油，饼粕可以酿酒、提取工业原料茶皂素。

二、适生环境

茶树原产于中国西南山区，具有喜温、喜湿、喜酸、耐阴的特性，宜在年平均气温15℃～25℃之间的地区栽培。灌木型茶树一般能耐–10℃低温，短时间气温达–15℃尚能过冬。最高临界温度是45℃，但一般在35℃左右生长便受到抑制，叶片出现灼伤。年有

位于福建漳浦的茶园

效积温（日平均气温 10℃ 以上）达 3500 ℃ 以上的地区便可栽茶。茶树最适土壤的 pH 值为 5 ~ 6 之间，喜酸性红黄土壤，近中性或碱性土不能栽茶。土层必须深厚，一般要求在 70 厘米以上，保水力强，土壤中有硬盘层或积水均不利于茶树生长。要求年降雨量在 1000 ~ 2000 毫米之间。具有怕旱、怕涝、怕寒、怕碱的特性。喜高山，也宜丘陵、平地，但不宜选用冬季西北风强的高山地区，以免茶树遭受冻害。

杭州的茶场

三、生物学上的特性

茶树是多年生叶用作物，寿命少则几十年，多至上百年。在良好的管理下，一般第三、四年就可轻度采摘和制茶，五年就有相当高的产量，高产年限能维持 20 ~ 30 年以上。

茶树根系发达，一般栽培茶树，秋季 9 ~ 11 月根系生长最旺，为一年中的最高峰；12 月至次年 2 月生长缓慢；3 ~ 4 月，生长又逐渐增强，以后又减慢；6 ~ 7 月又增强。根系的发育周期，与地上部分新梢的生长有相互交替现象。

茶芽生长的最低日平均气温为 10℃，以后随温度的升高而生长加快。日平均气温 15℃ ~ 20℃ 时，生长较旺，茶叶产量和品质都好；日平均气温 20℃ ~ 30℃，茶芽生长旺盛，但芽叶较易粗老；当日平均气温低于 10℃ 时，茶芽生长停滞，进入休眠期。

茶树新梢生长具有轮性生长的特点。在自然生长条件下，中国大部分茶区的茶树全年有三次生长，每次生长之间为休止期，即：

◎ 第一次生长（春梢）：3 月下旬 ~ 5 月上旬
◎ 第二次生长（夏梢）：6 月上旬 ~ 7 月上旬
◎ 第三次生长（秋梢）：7 月中旬 ~ 10 月上旬

但在人工采摘条件下，全年可萌发 5 ~ 6 轮新梢。新梢生育以 4 ~ 5 月最为旺盛，其次是 7 ~ 9 月。茶芽每次萌发所要求的条件不同，一般春芽要求适宜的温度，而以后萌发则需要一定的温度基础，受树体内部营养状况和水分的影响较大。

据测定，茶树叶片的寿命，各品种平均为 325 天。一般春梢叶

经过人工修剪过的茶树，仍旧可以靠着自身的更新能力，重新长出新枝

片寿命较长，夏梢叶片寿命较短。

　　茶树从第三、四年起，就会开花，以后每年都有生殖生长过程。由花芽分化到种子成熟，需 500 多天。在同一株茶树上出现花果相会的现象，也是茶树的一种特性。在中国大部分茶区的气候条件下，6 月下旬开始花芽分化，9 ~ 12 月为开花期，集中在 10 月中旬到 11 月中旬，借助昆虫异花授粉，果实到翌年 10 月下旬成熟。

　　目前，中国茶树的分布，因地理环境不同，四季温度差异甚大。在热带茶区（如海南岛等），茶树全年都可生长，仅因降雨多少，生长有快慢，在生产实践上没有"开采"与"封园"的概念。在其他茶区，因季节气温高低，或降雨量的多少，形成休眠现象。如北方的山东茶区，休眠期长达 7 个月之久，一般茶区为 4 ~ 5 个月。

　　茶树的更新复壮能力很强，每当它衰老、受自然灾害侵害和人为修剪时，都能从根颈处的潜伏芽或枝条上的腋芽长出新枝，重新构成树冠，恢复其生命力。

第 3 章
茶的色香味

无论是何种茶类，判断是否是优质茶叶，
除了看它是否具备美观的外形，
茶的"色"、"香"、"味"
也是衡量茶叶品质的关键。

一杯优质的茶应该具有清澈明亮的茶汤、鲜醇甘爽的滋味、高雅持久的香气和匀整细嫩的叶底。但不同的茶类，如绿茶、红茶、乌龙茶的标准又不尽相同。总体而言，评价一种茶叶的优劣，除美观的外形外，还应包括色、香、味三个方面。

一、茶色的形成

不同的茶类有不同的色泽要求，包括成茶的色泽和茶汤色泽。茶的色泽是由茶叶中所含有的各种化合物所决定的。绿茶的色泽基本要求是翠绿，但也有黄绿或灰绿色，对茶汤的色泽要求是黄绿明亮。绿茶干茶的这种绿色主要决定于茶叶中的叶绿素和某些黄酮类化合物。叶绿素分为叶绿素 a 和叶绿素 b，叶绿素 a 是一种深绿色的化合物，叶绿素 b 是一种黄绿色的化合物，这两种叶绿素成分的不同比例就构成了干茶的不同绿色。

叶绿素是非水溶性化合物，因此茶汤中的绿色不是由叶绿素形成的，而主要是一些溶于水的黄酮类化合物造成的。正因为如此，绿茶的茶汤一般呈黄绿色。在各种绿茶中，蒸青茶显得最绿，翠绿的茶汤令人爱不释手，这是因为蒸青茶先用高温的蒸汽将茶叶的叶绿素固定下来，使得这种绿色得以保存。绿茶在保存过程中如果受了潮，叶绿素被水解，绿色就会变得不绿。绿茶加工过程中有时因为鲜叶中含水分较多，如果不能很快散失，炒出的茶叶色泽也往往呈灰绿色。

红茶干茶的色泽常呈黑褐色，而茶汤则呈红褐色。决定红茶色泽的主要化合物是茶多酚类化合物，其中的儿茶素类在红茶加工过程中氧化聚合形成的有色产物统称红茶色素。红茶色素一般包括茶黄素、茶红素和茶褐素三大类。茶黄素呈橙黄色，是决定茶汤明亮度的主要成分；茶红素呈红色，是形成红茶红艳汤色的主要成分；茶褐素呈暗褐色，是造成红茶汤色发暗的主要成分。茶黄素和茶红素的不同比例组成就构成了红茶的不同色泽的明亮程度。茶褐素含量高就会使红茶汤色暗钝，使得红茶品质下降。

乌龙茶的干茶通常为青褐色，茶汤黄亮，这是因为乌龙茶属于半发酵茶，其中茶多酚的氧化程度较轻，因此氧化聚合产物也相应较少。乌龙茶有不同发酵程度，如包种茶，其成茶色泽和汤色偏向于绿茶，而发酵较重的白毫乌龙茶，氧化产物较多，因此成茶色泽

茶色的形成图

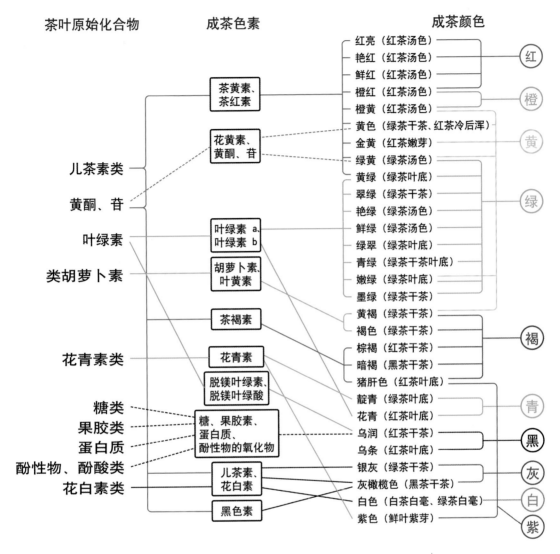

茶叶原始化合物　　　　成茶色素　　　　　　　　　成茶颜色

成茶色素	成茶颜色
茶黄素、茶红素	红亮（红茶汤色）红
	艳红（红茶汤色）
	鲜红（红茶汤色）
	橙红（红茶汤色）橙
	橙黄（红茶汤色）
花黄素、黄酮、苷	黄色（绿茶干茶、红茶冷后浑）黄
	金黄（红茶嫩芽）
	绿黄（绿茶汤色）
	黄绿（绿茶叶底）绿
	翠绿（绿茶干茶）
	艳绿（绿茶汤色）
叶绿素 a、叶绿素 b	鲜绿（绿茶汤色）
	绿翠（绿茶叶底）
胡萝卜素、叶黄素	青绿（绿茶干茶叶底）
	嫩绿（绿茶叶底）
	墨绿（绿茶干茶）
茶褐素	黄褐（绿茶干茶）褐
	褐色（绿茶干茶）
花青素	棕褐（红茶干茶）
	暗褐（黑茶干茶）
脱镁叶绿素、脱镁叶绿酸	猪肝色（红茶叶底）
	靛青（绿茶叶底）青
糖、果胶素、蛋白质、酚性物的氧化物	花青（红茶叶底）
	乌润（红茶干茶）黑
	乌条（红茶叶底）
儿茶素、花白素	银灰（绿茶干茶）灰
	灰橄榄色（黑茶干茶）
黑色素	白色（白茶白毫、绿茶白毫）白
	紫色（鲜叶紫芽）紫

茶叶原始化合物：儿茶素类、黄酮、苷、叶绿素、类胡萝卜素、花青素类、糖类、果胶类、蛋白质、酚性物、酚酸类、花白素类

和汤色也偏向于红茶。

二、茶香的形成

茶叶的香气取决于其中所含有的各种香气化合物。目前在茶叶中已鉴定出 500 多种挥发性香气化合物，这些不同香气化合物的不同比例和组合就构成了各种茶叶的特殊香味。虽然它们的含量不多，只占鲜叶干重的 0.03% ~ 0.05%，干茶重的 0.005% ~ 0.01%（绿茶）和 0.01% ~ 0.03%（红茶），但对决定茶叶品质具有十分重要的作用。一杯幽雅清香的绿茶，一杯浓郁醇香的红茶或一杯飘逸着花香的乌龙茶，既可以提神解渴，也是一种享受。茶叶中的香气成分有一些是在鲜叶中就已经存在的，但大量的还是在加工过程中形成的。鲜

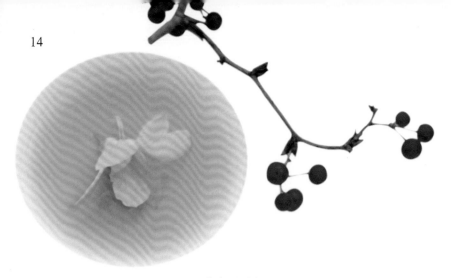

叶中的香气成分以醇类化合物最多。

在绿茶中已鉴定出有230多种香气化合物，其中醇类和吡嗪化合物最多，前者是在鲜叶中存在的，而后者是在茶叶加工过程中形成的。炒青绿茶中高沸点香气成分，如香叶醇、苯甲醇等，占有较大比重，同时吡嗪类、吡咯类物质含量也很高。而蒸青茶中鲜爽型的芳樟醇及其氧化物含量较高，同时具有青草气味的低沸点化合物的含量也较高，如青叶醇的含量比炒青绿茶中的要高，因此表现出香气醇和持久。不同的茶类具有不同的特征性香气，如龙井茶中吡嗪类化合物、大量的羧酸和内酯类物质含量高，因此香气幽雅；碧螺春茶叶中戊烯醇含量很高，具有明显的清香；黄山毛峰茶中牻牛儿醇含量很高，因此具有果香特征。

红茶中的香气成分较为复杂，目前已鉴定出400多种香气化合物，如中国祁红以玫瑰花香和浓厚的木香为其特征，因为它含有较高量的香叶醇、苯甲醇和2-苯乙醇；而斯里兰卡的高地茶以具有清爽的铃兰花香和甜润浓厚的茉莉花香为特征，这是因为它含有高浓度的芳樟醇、茉莉内酯、茉莉酮酸甲酯等化合物。如果将功夫红茶和CTC茶相比，那么功夫红茶中萜烯醇及其氧化物、甲基水杨酸酯等具花香的化合物含量较高,而CTC茶中这些成分含量较低,但反式-2-己烯醛含量较高，因此前者表现为香气馥郁、滋味醇和，而CTC茶则具有一定程度的青草味。

乌龙茶的香气则以花香突出为特点。福建生产的铁观音、水仙、色种和台湾文山、北埔生产的乌龙茶在香气组成上有明显差别。前者橙花叔醇、沉香醇、茉莉内酯和吲哚含量较高，而后者萜烯醇、甲基水杨酸酯、苯乙醇等化合物含量较高。

黑茶是微生物发酵的渥堆紧压茶，这类茶具有典型的陈香味，萜烯醇类（如芳樟醇及其氧化物，α-萜品醇、橙花叔醇）含量高。

花茶的香气既有茶香，也有花香。茶叶是一种疏松的多孔体，可以吸收茉莉花的香气。

通过大量的化学分析，人们已经可以从香气组成和香味特征中找到一些规律，如顺式-3-己烯醇及其酯类化合物和清香有关，α-苯乙醇、香叶醇和清爽的铃兰香有关连，β-紫罗酮类、顺式-茉莉

茶味的形成图

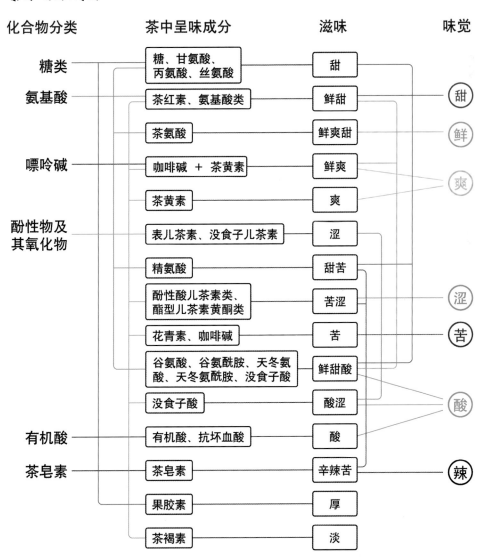

酮与玫瑰花香有关，茉莉内酯、橙花叔醇类与果香有关，吲哚和青苦沉闷的气味有关，吡嗪类、吡咯类和呋喃类化合物和焦糖香及烘炒香有关，正乙醛、3-乙烯醛和青草味有关。

三、茶味的形成

茶叶的滋味是茶叶中化学成分的含量和人的感觉器官对它的综合反应。茶叶中含有鲜、涩、甜、苦、酸各种滋味物质。多种氨基酸是鲜味的主要成分，大部分氨基酸鲜中带甜，有的鲜中带酸；茶叶中涩味物质主要是多酚类化合物；茶叶中的甜味物质主要有可溶性糖和部分氨基酸；苦味物质主要有咖啡碱、花青素和茶叶皂素；酸味物质主要是多种有机酸。

浓醇、清鲜是判断绿茶上乘与否的标准。浓醇取决于茶多酚和氨基酸的适当比例，而清鲜主要取决于氨基酸的含量。一般春茶中的氨基酸明显高于夏、秋茶。春茶制成的绿茶与夏、秋茶相比，前者往往具有明显的清鲜味，而后者往往具有强烈的苦涩味，就是因为春茶中氨基酸含量高，茶多酚含量相对较低，而夏、秋茶中氨基酸含量低，茶多酚含量高。茶多酚是决定茶叶收敛性的物质，其中的酯型儿茶素的刺激性比非酯型儿茶素更强。

红茶滋味的标准是浓、强、鲜，茶叶中的儿茶素类化合物、茶黄素是体现红茶滋味最重要的化合物。"浓"主要取决于水浸出物含量，而"强和鲜"主要决定于咖啡碱、茶黄素和氨基酸的适合比例。红茶中的茶黄素和咖啡碱相结合，再加上一定数量的氨基酸，便产生了滋味浓强而鲜爽的红茶。

第4章
茶叶的制作

茶叶的制作，经过漫长复杂的演变，
才有了今日的制茶技术。在多方革新下，
发展出绿茶、白茶、黄茶、黑茶、
乌龙茶、红茶六大茶类。

龙井茶制作程序

1 鲜叶

2 摊叶

3 鲜叶摊放

4 青锅

5 辉锅

6 成品茶

茶经历了漫长的发展过程和复杂的变革才成为今天的饮料。唐朝陆羽在《茶经·三之造》中记载"蒸之、捣之、拍之、穿之、封之，茶之干矣"，这是中国最早的蒸青团饼茶制造方法。到了宋朝，除保留传统的团饼茶制法外，出现了蒸青散茶，将茶鲜叶蒸后不揉不拍，直接烘干呈松散状。元朝团饼茶逐渐减少，散茶得到较快发展。明朝，发明了炒青制法，这是制茶技术上的一大革新，与此同时还出现了白茶、黄茶和黑茶；清朝又出现了乌龙茶（青茶）和红茶，至此绿茶、黄茶、白茶、乌龙茶（青茶）、红茶和黑茶，俗称六大茶类，已基本形成。

一、绿茶的制法

绿茶花色品种最多，按杀青方法不同分蒸青和炒青；而按干燥方法则分为炒青绿茶、烘青绿茶和晒青绿茶；按品质特征分为大宗绿茶和名优绿茶两大类。绿茶的基本制作工艺流程：杀青→揉捻→干燥。

杀青目的在于蒸发叶中水分，发散青臭气，产生茶香，并破坏酶的活性，抑制多酚类的酶促氧化，保持绿茶绿色特征。杀青要求做到杀匀杀透，老而不焦，嫩而不生。欲达到这一目标，方法有三种：(1) 锅式杀青：在平锅或斜锅中进行，一般掌握锅温180℃～250℃，先高后低。每锅投叶量：名优茶0.5～1.0公斤，大宗茶1.0公斤；时间：5～10分钟，依据投叶量而定。采用抛炒与抖焖结合的方法，多抖少焖。(2) 滚筒机杀青：一般用50～80厘米直径的转筒，转速28～32转/分，每小时投叶量150～200公斤；叶子在筒内停留时间2.5～3.0分钟，采用连续方式进行。(3) 蒸汽杀青：蒸汽温度95℃～100℃；时间：0.5～1.0分钟，以连续方式进行。

揉捻目的在使芽叶卷紧成条，适当破损叶组织使茶汁流出，便于冲泡。方法有手工揉捻和机器揉捻。高档名优茶以手揉为主。手揉方法是两手握茶徐徐向前推进，使叶子不断翻动，用力先轻后重。揉捻掌握嫩叶冷揉、中档叶温揉、老叶热揉的原则。机揉嫩叶不加压或轻压，加压先轻后重，逐步加压，轻重交替，最后松压。

干燥目的是除去茶条中的水分，发展茶叶香气。一般有炒干和烘干两种方法。炒干：炒青绿茶制作工艺，在锅子中进行，分二青、三青和辉干三个过程。烘干：烘青绿茶制作工艺，分毛火和足火二段进行。名优茶干燥常辅以做形。烘干设备有烘笼、手拉百叶式和自动链板式烘干机。炒干设备有锅式和瓶式炒干机。

二、红茶的制法

中国红茶加工已有 200 多年的历史，按生产历史的先后和加工的不同分为小种红茶、功夫红茶和红碎茶三种。无论何种红茶，基本制作工序是萎凋、揉捻（切）、发酵、干燥。唯独小种红茶在其制作中增加了过红锅和薰焙两个工序。

萎凋是鲜叶逐渐适度失水和内含物转化的过程，目的是为揉捻（切）和发酵做好准备。功夫红茶一般应掌握萎凋叶含水量在 60% ~ 64% 为宜，红碎茶以 58% ~ 62% 为宜。水分掌握的原则：春茶略低，夏茶稍高；嫩叶略低，老叶稍高；大叶种略低，中、小叶种稍高。方法有室内自然萎凋、日光萎凋、萎凋槽和萎凋机萎凋。

揉捻（切）目的是使叶组织破损，加速多酚类的酶促氧化，塑造茶叶外形，增加茶汤浓度。功夫红茶和小种红茶一般用手揉或圆

功夫红茶制作程序

1 鲜叶

2 日光萎凋

3 萎凋叶

4 揉捻

5 解块

6 揉捻叶

7 发酵

8 发酵叶

9 干燥

盘式揉捻机进行；红碎茶，先用揉捻机打条，再用转子机切碎，或直接用 CTC 机组、LTP 机切碎。

发酵是揉捻（切）叶在一定的温度、湿度和供氧条件下，以多酚类为主体的生化成分发生一系列化学变化的过程。小种红茶、功夫红茶的发酵在发酵筐中完成，红碎茶的发酵在发酵车或发酵机中进行。发酵时间小种红茶 5 ~ 6 小时，功夫红茶 3 ~ 5 小时，红碎茶在 1 ~ 2 小时之间。

干燥目的是终止酶促氧化，散失水分，散发青草气，提高和发展香气。采用烘干机分毛火和足火两次烘干。毛火高温，足火低温，毛火温度 115℃左右，足火温度 90℃左右；毛火后茶叶含水量 20% 左右，足火完成后茶叶含水量控制在 4% ~ 5% 之间。

过红锅是小种红茶加工的特殊处理过程。它的作用在于停止发酵，保存一部分可溶性茶多酚，使茶汤浓厚，并在高温中使青臭味挥发，增加小种红茶的香气。"过红"操作在锅子中进行，当锅温升高到 200℃以上时，投发酵叶 1.0 ~ 1.5 公斤，迅速翻炒 2 ~ 3 分钟，最多不超过 5 分钟，至叶软即起锅。

烟薰烘焙是小种红茶又一特殊处理工艺。在毛火时进行，将"过红"复揉后的茶叶分别摊放于水筛（厚 7 ~ 10 厘米）上，置于烘青间楼下吊架上，下烧未干的松木。松烟上升被茶叶吸收，使干茶带松香味，成为小种红茶独特的特征。其间必须翻拌 1 ~ 2 次，烘至 8 ~ 9 成干时下烘摊凉。

CTC红碎茶5号

CTC红碎茶制作程序

1 鲜叶

2 萎凋槽萎凋

3 CTC机组揉捻（切）

4 发酵机发酵

5 毛茶精制

6 干燥

三、乌龙茶的制法

乌龙茶也称青茶，属半发酵茶，主产于福建、广东和台湾。乌龙茶花色品种繁多，制作工艺复杂，其基本工艺为：晒青、凉青、做青、炒青、揉捻（包揉）和烘焙。

晒青 日光萎凋的一种方式。目的是利用太阳能散发鲜叶水分，使叶子柔软，从而缩短摇青时间、促进内含物质发生一定的化学变化，达到破坏叶绿素、除去青臭气的目的，为摇青做好准备。晒青在阳光下进行，根据气温高低、日光强弱，时间为 8 ~ 10 分钟，晒青叶减重率为 10% ~ 15% 之间。

凉青 室内自然萎凋的一种方式。把晒青叶放置于室内透风阴凉处散失热量，让其水分重新分布，恢复细胞紧张状态，便于摇青，一般掌握在 30 分钟左右。

乌龙茶制作程序

1 晒青——日光萎凋

2 凉青——室内自然萎凋

3 使用滚筒式摇青机

4 炒青

5 初揉

6 初烘

7 速包

8 复揉（包揉）

9 复烘

做青 做青在滚筒式摇青机中进行，目的是使叶子边缘互相摩擦，使叶组织破裂，促进茶多酚氧化，形成乌龙茶特有的绿叶红镶边的特色；同时蒸发水分，加速内含物的生化变化，提高茶香。一般摇青 4 ~ 5 次，每次 10 ~ 20 分钟，其间间隔约 1 小时。总共历时 6 ~ 10 小时。

炒青 相当于绿茶杀青，目的是利用高温钝化或破坏酶的活性，终止发酵，进一步发挥茶香和便于揉捻。炒青时应掌握高温、短叶和多焖少抖的原则。温度上先高后低，采用先焖炒后扬炒的方法。一般锅温在 280℃ ~ 300℃，时间 3 ~ 5 分钟，投叶量 6 ~ 8 公斤，炒青机转速 25 ~ 35 转 / 分。

清香乌龙茶

揉捻和烘焙 一般分两次进行，工序为初揉→初烘→复揉（包揉）→复烘。

初揉：目的是初步做形，并揉出茶汁。一般在 58 式单动揉捻机中进行，时间 6 ~ 8 分钟，中间解块一次，机器转速 59 ~ 60 转 / 分，每次投叶量 10 ~ 12 公斤。

初烘：目的是散发水分，使溢出的茶汁浓缩而凝固在叶子表面。一般用自动式烘干机。温度 100 ~ 120℃，时间 11 ~ 12 分钟，含水量减少到 20% ~ 25% 时下烘。

复揉（包揉）：目的在于弥补初揉不足，以使茶叶达到弯曲成螺旋的外形。过去用手工揉捻，分初包和复包，把初烘后的茶趁热包起来揉捻。现在用包揉机进行复揉。包揉机转速 50 ~ 60 转 / 分，时间 6 分钟，每批揉 2 ~ 3 次，至茶叶外形螺旋弯曲时，即为适度。

复烘：目的在于进一步固定茶叶外形，发展香气，使干度达九成以上，利于运输贮存。复烘在烘干机中进行，温度 50℃ ~ 60℃，时间约 20 分钟，含水量达 8% ~ 10% 时下烘贮藏。

四、白茶的制法

白茶主产于福建的福鼎、政和、松溪和建阳等地，台湾地区也有生产。白茶采用茸毛特多的政和与福鼎品种壮芽制成，由于其外形满披白毫，故称白茶。有芽茶（银针）和叶茶（寿眉、白牡丹）之分，其制作工艺是萎凋、晒干或烘干。

●白毫银针：鲜叶→太阳曝晒至八九成干→文火（40℃～45℃）烘至足干；●白牡丹：鲜叶→日光萎凋至七八成干→并筛或堆放→烘焙→拣剔。

五、黄茶的制法

依鲜叶老嫩分为黄小茶和黄大茶。黄小茶又称芽茶，如君山银针、蒙顶黄芽、北港毛尖、山毛尖等；黄大茶又称叶茶，产于安徽霍山、金寨、六安、岳西和黄山。黄小茶一般采一芽一叶和一芽二叶初展；黄大茶采一芽四五叶。

焖黄是黄茶加工的特点，是形成黄茶"黄汤黄叶"品质的关键

黄茶制作程序

1 鲜叶

霍山黄芽

2 杀青

3 摊凉

4 烘焙

工序。焖黄工艺分为湿坯焖黄和干坯焖黄，焖黄时间短的 15 ～ 30 分钟，长的则需 5 ～ 7 天。工艺流程以蒙顶黄芽为例：鲜叶→杀青→初包（焖黄）→复锅→复包（焖黄）→三炒→摊放→四炒→烘焙。

普洱沱茶制作程序

1 黑毛茶　　2 拼配　　3 拼堆　　4 筛分

5 渥堆　　6 压制定型　　7 干燥　　8 成品包装

六、黑茶的制法

黑茶原料一般以成熟的新梢为主，也有以一芽三四叶为主的，如湖南的一级黑毛茶。黑茶加工分为两步，一是以鲜叶为原料的黑毛茶加工，二是以黑毛茶为原料的成品茶加工。加工中的渥堆是形成黑茶品质特点的关键工序。

成品茶有湖南的湘尖、黑砖、花砖、茯砖，湖北的青砖，广西的六堡茶，四川的康砖、金尖、茯砖、方包，云南的沱茶、紧茶、饼茶、方茶和圆茶等。

黑茶的花色品种很多，加工工艺各不相同，其工艺流程以湖南黑毛茶和茯砖茶为例。●黑毛茶：鲜叶→杀青→初揉→渥堆→复揉→干燥；●茯砖：黑毛茶→拼配→拼堆→筛分→汽蒸渥堆→压制定型→干燥发花→成品包装。

中国茶制作程序图

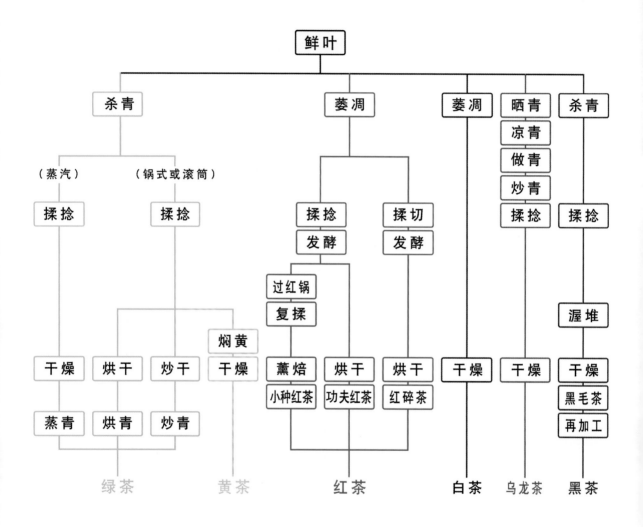

第5章
中国茶的茶区

中国是茶的故乡，种茶历史悠久。

中国茶的茶区幅员辽阔，南自北纬18度附近的海南岛，

北至北纬38度附近的山东蓬莱山，西自东经94度的西藏

林芝，东至东经122度的台湾地区。

中国是茶的故乡，种茶历史悠久。中国茶的茶区幅员辽阔，南自北纬18度附近的海南岛，北至北纬38度附近的山东蓬莱山，西自东经94度的西藏林芝，东至东经122度的台湾地区，都有茶的种植。有浙江、湖南、安徽、四川、福建、云南、湖北、广东、江西、广西、贵州、江苏、陕西、河南、海南、重庆、山东、西藏、甘肃等产茶省（区、市），1019个产茶县（市）。2003年，我国茶园面积为122.58万公顷（其中台湾为18500公顷），约占世界茶园面积（271.69万公顷）的45%，茶树种植面积居世界首位。

中国茶区根据生态环境、茶树品种、茶类结构分为四大茶区，即华南茶区、西南茶区、江南茶区、江北茶区。

一、华南茶区

华南茶区包括福建大樟溪、雁石溪，广东梅江、连江，广西浔江、红水河，云南南盘江、无量山、保山、盈江以南等地区，行政区包括福建东南部、台湾、广东中南部、广西南部、云南南部及海南。

华南茶区气温在四大茶区中是最高的，年均气温在20℃以上，1月份平均气温多高于10℃，≥10℃积温在6500℃以上，无霜期300天以上，年极端最低气温不低于－3℃。台湾、海南等地无雪无冬，四季如春，茶树四季均可生长，新梢每年可萌发多轮。雨水充沛，年平均降雨量为1200～2000毫米，其中夏季占50%以上，冬季降雨较少。有的地区11月至翌年2月常有干旱现象，但山区多森林，空气湿度较大。土壤为红壤和砖红壤，土层深厚，多为疏松黏壤土或壤质黏土，活性钙含量低，有机质含量在1%～4%之间，肥力高，是茶树最适宜生长区。

华南茶区茶树品种资源丰富，主要为乔木型大叶类品种，小乔木型和灌木型中小叶类品种亦有分布，如勐库大叶茶、凤庆大叶茶、海南大叶种、凌云白毛茶、凤凰水仙、英红1号、铁观音等。生产茶类品种有乌龙茶、功夫红茶、红碎茶、普洱茶、绿茶、花茶及名优茶。

华南茶区的云南凤庆茶园

二、西南茶区

西南茶区包括米仓山、大巴山以南、红水河、南盘江、盈江以北、神农架、巫山、方斗山、武陵山以西、大渡河以东，行政区包括云

华南茶区的福建安溪茶园

南中北部、广西北部、贵州、四川、重庆及西藏东南部。

西南茶区地势较高，大部分茶区海拔在 500 米以上，属于高原茶区。地形复杂，气候变化较大，年均气温在 15.5℃以上，最低气温一般在 -3℃左右，个别地区可达 -8℃。≥10℃积温在 4000℃~5800℃，无霜期 220~340 天。春秋两季气温相似，夏季气温比其他茶区低，没有明显的高热天气，冬季气温较华南茶区低，但比江南茶区、江北茶区高。

四川盆地南部边缘丘陵山地，气候条件优越，年平均气温 18.0℃以上，≥10℃积温在 5500℃以上，极端最低气温不低于 -4℃，无霜期 220~340 天。云南最低日平均气温在 10℃以上，最高月平均气温为 24℃左右，四季如春，气候极宜茶树生长。但在川滇高原山地，垂直地带气温差异明显，不同海拔高度层的气候变化很大。雨水充沛，年降雨量大多在 1000~1200 毫米之间，但降雨主要集中在夏季，而冬、春季雨量偏少，如云南等地常有春旱现象。山地多森林，空气湿度大，且时有地形雨，雨量较大。土壤类型多，主要有红壤、黄红壤、褐红壤、黄壤、红棕壤等。土壤中有机质含量较其他茶区高，有利于茶树生长。

西南茶区茶树品种资源丰富，乔木型大叶种、小乔木型和灌木型中小种品种全有，如崇庆枇杷茶、南江大叶茶、早白尖 5 号、湄潭苔茶、十里香等。生产茶类品种有功夫红茶、红碎茶、绿茶、沱茶、紧压茶、花茶和各类名优茶。

三、江南茶区

江南茶区位于长江以南，大樟溪、雁石溪、梅江、连江以北，行政区包括广东、广西北部、福建大部、湖南、江西、浙江、湖北南部、安徽南部、江苏南部。

江南茶区地势低缓，四季分明，气候温暖，年均气温在 15.5℃以上，极端最低气温多年平均值不低于 -8℃，但个别地区冬季最低气温可降到 -10℃以下，茶树易受冻害。≥10℃积温为 4800℃~6000℃，无霜期 230~280 天。夏季最高气温可达 40℃以上，茶树易被灼伤。雨水充足，年均降雨量 1400~1600 毫米，有的地区年降雨量可高达 2000 毫米以上，以春、夏季为多。土壤以红壤、黄壤为主，部分地区有黄褐土、紫色土、山地棕壤和冲积土。土壤

龙井长叶品种

杭州的茶园，属于江南茶区

有机质含量较高，含石灰质较多的紫色土不宜种茶。

本区茶树品种主要以灌木型品种为主，小乔木型品种也有一定的分布，如福鼎大白茶、祁门种、鸠坑种、上梅洲种、高桥早茶、龙井43号、翠峰茶、福云6号、浙农12号、政和大白茶、水仙茶、肉桂茶等。生产茶类有绿茶、乌龙茶、白茶、黑茶、花茶和名优茶等。

本区气候、土壤等自然环境适宜茶树生长发育，是茶树生态适宜区。社会经济发展快，有利于茶叶产业化发展，茶叶产国总产量的三分之二，名优茶品种琳琅满目，经济效益高重点茶区。

四、江北茶区

江北茶区位于长江以北，秦岭淮河以南以及山东沂河以东部分地区，行政区包括甘肃南部、陕西南部、河南南部、山东东南部、湖北北部、安徽北部、江苏北部。

江北茶区大多数地区年平均气温在15.5℃以下，≥10℃积温为4500℃～5200℃，极端最低温平均值为－10℃，个别年份极端最低气温可降到－20℃，造成茶树严重冻害。无霜期200～250天。

茶树年生长萌发期仅六七个月。年降水量相对较少，在1000毫米以下，其中春季、夏季降雨量约占一半。土壤以黄棕壤为主，也有黄褐土和山地棕壤等，pH值偏高，质地黏重，常出现黏盘层，肥力较低。从土壤和气候条件而言，对茶树生育并不十分有利，尤其是冬季，必须采取防冻措施，茶树才能安全越冬。

该区茶树品种主要是抗寒性较强的灌木型中小叶种，如信阳群体种、紫阳种、祁门种、黄山种、霍山金鸡种、龙井系列品种等。生产茶类品种有绿茶和名优茶。

第6章
中国茶的种类

中国茶依其制法和特点，分绿茶、红茶、乌龙茶、
黄茶、白茶和黑茶六大基本茶类，
另有再经加工的花茶和紧压茶。

一、绿茶

绿茶是基本茶类之一,属"不发酵茶"。制作过程不经发酵,干茶、汤色、叶底均为绿色,是中国历史上最早出现的茶类。根据其制作工艺杀青和干燥方式的不同,分为炒青绿茶、烘青绿茶、晒青绿茶和蒸青绿茶四大类,还有介于前两者之间的"半烘半炒绿茶"。几乎中国的各产茶省均生产绿茶,其中以浙江、安徽、湖南、江西、江苏、湖北和贵州为最多。

炒青绿茶,按产品形状分有长炒青(如眉茶)、圆炒青(如珠茶)、扁炒青(如龙井)等,数量以长炒青为最多。长炒青经精制整形后称为眉茶,是中国重要的外销绿茶品种。各地所产名优绿茶,几乎都是手工艺品,其特点是造型优美、色泽绿润、香味鲜醇柔和,是绿茶中的佼佼者。

中国生产的茶叶约有70%是绿茶,每年数量在50万吨以上。绿茶以国内销售为主,部分供应出口。中国出口的绿茶,在国际市场上素享盛誉,除眉茶外,还有珠茶和各种名优绿茶,年出口量超过15万吨,占世界绿茶贸易量的70%以上。中国绿茶销往世界五十余个国家和地区,主销西北非和东南亚,西欧各国也有一定的销量。

绿扬春

纤细秀长·香气高雅

特征

茶形状：纤细秀长、形似新柳
茶色泽：翠绿油润
茶汤色：清澈明亮
茶香气：高雅持久
茶滋味：鲜醇
茶叶底：嫩绿匀齐
产　地：江苏省仪征市周边丘陵山地

江苏省
仪征
南京

干茶　纤细秀长

新创制名茶，属条形烘青绿茶。1990 年由仪征市捺山制茶厂创制。绿扬春茶系采摘单芽或一芽一叶初展鲜叶为原料，经杀青、理条、初烘、整形、足干、拣剔等六道工序制成。杀青、理条是绿扬春茶制作关键。手工炒制。鲜叶经杀青，直接进入理条，采用抓、抖等手法，使茶坯成直条形、起锅摊凉后，再入烘笼焙至足干，拣剔后收藏。

绿扬春茶品质优异，在众多的名茶中独占鳌头。1994 年、1995 年在江苏"陆羽杯"名茶评比中获特等奖；1999 年在中国茶叶学会第三届"中茶杯"全国名茶评比中又获特等奖。

茶汤　清澈明亮

叶底　嫩绿匀齐

南山寿眉

绿茶

色泽翠绿·鲜爽醇和

🍃 特 征

茶形状：条索微弯略扁、
　　　　白毫披覆似眉
茶色泽：翠绿
茶汤色：清澈明亮
茶香气：清雅持久
茶滋味：鲜爽醇和
茶叶底：嫩绿完好
产　地：江苏省溧阳市
　　　　南山天目湖
　　　　旅游风景区

干茶 色泽翠绿

江苏省

●南京
溧阳

茶汤 清澈明亮

叶底 嫩绿完好

新创名茶，属条形烘青绿茶。1985年由江苏省溧阳市李家园茶场创制。以福鼎大白茶等良种鲜叶为原料，特级极品于3月底采肥壮的芽苞为主，后采一芽一叶或二叶初展的鲜叶，剔除老叶、梗杂后，摊放在竹帘上，散尽青草气后付制。炒制工艺分杀青、理条整形、烘焙、拣剔等四道工序。理条是塑造寿眉外形的关键工序。在80℃～100℃的电炒锅中进行，锅温先高后低，再略高。操作手法先将茶条拉直后拧弯，再撤压。先直后弯、先圆后扁，促其外形向月牙方向发展。反复揉搓至含水率达20%时起锅摊凉。然后烘焙，烘至含水率6%、外形露毫、清香四溢时下烘。拣去黄片、梗杂，割末收藏。

太湖翠竹  绿茶

形似竹叶·翠绿油润

🍃 特 征

茶形状：条形扁似竹叶
茶色泽：翠绿油润
茶汤色：清澈明亮
茶香气：清高持久
茶滋味：鲜爽甘醇
茶叶底：嫩绿匀整
产　地：江苏省无锡市郊区
　　　　和锡山一带

江苏省

南京　无锡

干茶 翠绿油润

　　新创制名茶，属扁形烘炒绿茶。太湖翠竹采用福鼎大白茶和槠叶种等无性系品种芽叶，于清明前采摘单芽或一芽一叶初展鲜叶，经摊放、杀青、整形（理条和搓揉）、干燥和辉炒提香等五道工序制成。理条和搓揉是形成太湖翠竹特殊风格的主要工艺。杀青后之鲜叶稍摊凉后入锅理条，采用抓、带、搭等手法在80℃锅温下将茶在锅底理顺、理直；至不黏手时进行搓揉，将茶叶握于双手掌心，运用掌力，向一方向搓揉，并与搭、带、抖手法相结合把茶叶理顺，达到条索细紧时进行烘干。再搓揉、理条一次，至含水率15%时下烘摊凉。最后辉炒提香，达足干时，割末即可收藏。

茶汤 清澈明亮

叶底 嫩绿匀整

36

阳羡雪芽

香气清雅·滋味鲜醇

茶形状：紧细匀直、有锋苗显毫
茶色泽：翠绿
茶汤色：清澈明亮
茶香气：清雅
茶滋味：鲜醇
茶叶底：嫩匀、明亮完整
产　地：江苏省宜兴市

江苏省
●南京
宜兴

干茶　紧细匀直

茶汤　清澈明亮

叶底　明亮完整

历史名茶，属条形炒青绿茶。主产于宜兴市南部阳羡游览景区。据历史记载，东汉宜兴阳羡已有茶的生产，并在唐代成为著名的贡茶。

阳羡雪芽于谷雨时采自宜兴种一芽一叶初展之鲜叶为原料，经高温杀青、轻度揉捻和整形干燥等三道工序制成。其制作工艺关键在于整形干燥，在锅温50℃～80℃的平锅中进行。初以抖散水分为主，至茶不黏手时，边搓边理，搓理结合；七成干时稍提高锅温，合掌轻搓，使茸毛显露，散发茶香；八成干时薄摊锅中，适当翻炒；含水量达7%时，出锅摊凉，割末后收藏。

太湖小天鹅茶

茶形扁平似剑

特征

茶形状：扁平似剑、
　　　　有锋苗显毫
茶色泽：翠绿
茶汤色：绿而明亮
茶香气：清香持久
茶滋味：鲜爽醇和
茶叶底：嫩匀
产　地：江苏省无锡市
　　　　梅园一带

江苏省

南京

无锡

干茶 锋苗显毫

新创名茶，属烘青绿茶。2000年由无锡市茶叶品种研究所开发研制。

太湖小天鹅茶，于清明前后采摘福鼎大白茶品种茶树之单芽或一芽一叶初展鲜叶为原料，要求鲜叶原料的品种、芽叶长短、肥瘦、色泽这四项条件达到一致，并且不带鱼叶，不采病虫叶。成品茶以原料单芽和一芽一叶所占的比例，分为特级、一至四级共5个级别。特级太湖小天鹅茶由单芽精制而成，在冲泡过程中芽头竖立，景象奇特，集观赏与饮用于一身。

2001年在第四届"中茶杯"全国名优茶评比中获特等奖。

茶汤 绿而明亮

叶底 嫩匀

绿茶

南京雨花茶

紧细圆直·形似松

干茶　形似松针

江苏省
●南京

茶汤　色绿而清

叶底　匀嫩明亮

新创制名茶，属针形炒青绿茶。

南京雨花茶于清明前后采摘一芽一叶初展之鲜叶。通常制成 500 克特级南京雨花茶需 5 万多个芽叶。南京雨花茶经杀青、揉捻、搓条拉条和烘干等四大工序制成。搓拉条是南京雨花茶成形的关键。经杀青、揉捻微出茶汁的叶子在 85℃～90℃锅温中用翻炒、抖、散理顺茶条，再于手中轻轻滚转搓条，不断解散团块；待叶子不黏手时降温至 60℃～65℃，手掌五指伸开，两手合抱茶叶，将其顺一个方向用力滚搓；约 20 分钟，达七成干时升温 75℃～85℃，手抓叶子沿锅壁来回拉炒理条，进一步做圆，九成干起锅。冷却割末后，在文火中烘焙足干收藏。

茅山青锋

茶形平整·汤色绿明

干茶 挺秀显毫

新创制名茶，属扁形炒青绿茶。于 20 世纪 80 年代由茅麓茶场创制。因产于茅山，形如青锋短剑而取名茅山青锋。茅山是江苏主要山脉之一，雄踞整个苏南平原，气候温和，雨量充沛，土层深厚，有利于茶树生长。

茅山青锋是高档手工制作绿茶，生产季节性很强，采谷雨前后一芽一叶的鲜叶为原料，经摊放、杀青、整形、摊凉、辉锅、精制等工艺而成。

杀青、整形是茅山青锋制作的重点工艺。摊放后的鲜叶入锅，在杀青阶段采用撩、抖、托、挺、档等炒制手法，使茶叶成条略带扁平形，达七成干时起锅。经摊凉后，再入锅辉炒至足干，割去末子，簸去轻身黄片后收藏。

茶汤 汤色绿明

叶底 嫩匀

绿茶

金山翠芽

茶汤明亮 · 香高持久

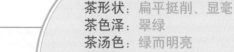 特 征

茶形状：扁平挺削、显毫
茶色泽：翠绿
茶汤色：绿而明亮
茶香气：香高持久
茶滋味：浓醇
茶叶底：肥匀嫩绿
产　地：江苏省镇江市
　　　　句容、丹徒、
　　　　丹阳等地

 干茶 扁平挺削

茶汤 绿而明亮

叶底 肥匀嫩绿

新创制名茶，属扁形炒青绿茶。于1981年由镇江市五洲山茶场等单位创制。镇江市位于江苏省境内长江下游南岸，土壤都为下蜀系酸性黄壤，土层深厚，宜于茶树生长。

金山翠芽选用福鼎大白茶等无性多毫良种，于清明前后采单芽和一芽一叶为原料，经杀青、辉干两大工序炒制而成。杀青是金山翠芽品质形成最主要阶段。采用锅温在120℃，投叶量约250克，抖、焖结合翻炒3～4分钟后降温于80℃进入做形阶段，用抖、带、抓、炒等手法炒至七成干起锅摊凉，然后两锅并为一锅，在70℃～80℃的锅温时继续整形炒干，含水量6%时起锅，去末收藏。

无锡毫茶

银绿隐翠·白毫披覆

🍃 特 征

茶形状：条形卷曲肥壮、
　　　　白毫披覆
茶色泽：银绿隐翠
茶汤色：色绿明亮
茶香气：嫩香持久
茶滋味：鲜醇
茶叶底：嫩绿柔匀
产　地：江苏省
　　　　无锡市郊区

江苏省
●南京
无锡

干茶　条形卷曲

　　新创制名茶，属卷曲形炒青绿茶。1979年由无锡市茶树品种研究所研制开发。无锡毫茶以无性系大毫品种为原料，于清明前后采一芽一叶初展鲜叶，在竹筐内摊放 4 ~ 6 小时后即可付制。

　　分杀青、揉捻、搓毛、干燥等四道加工工序。杀青后进入揉捻阶段，在控温 100℃ 的锅中，采用揉、抖、炒的手法交替进行，待稍揉出茶汁时，即可转入搓毛阶段，这是毫茶加工的关键工序。搓毛，始温约 80℃，将揉捻成条的茶叶用双手在锅中搓团，轻翻勤翻，微揉提毫，待条索卷曲显毫，达八成干时起锅。稍摊凉后，再进行最后的干燥工序。

茶汤　色绿明亮

叶底　嫩绿柔匀

绿茶

碧螺春

茶形似螺 · 嫩香芬芳

 特 征

茶形状：条索纤细、
　　　　卷曲呈螺
茶色泽：银绿隐翠
茶汤色：嫩绿清澈
茶香气：嫩香芬芳
茶滋味：鲜醇
茶叶底：芽大叶小、
　　　　嫩绿柔匀
产　地：江苏省苏州市
　　　　太湖洞庭山

干茶 卷曲呈螺

江苏省
南京
吴县

茶汤 嫩绿清澈

历史名茶，属螺形炒青绿茶。创制于明末清初。当地人称碧螺春为"吓煞人香"，意即有挡不住的奇香。后因康熙皇帝品饮后觉得味道很好，但名称不雅，于是题名"碧螺春"。此后，其名代代相传，延续至今。

碧螺春的制作分采、拣、摊凉、杀青、炒揉、搓团、焙干等七道工序。高级的碧螺春茶在春分前后开始采制，采一芽一叶初展鲜叶，称为"雀舌"。碧螺春的制作目前还保持手工方法，杀青以后即炒揉，揉中带炒，炒中带揉，揉揉炒炒，最后焙干。细嫩芽叶与巧夺天工的高超技艺，使碧螺春茶形成了色、香、味、形俱美的独有风格。

叶底 嫩绿柔匀

金坛雀舌 绿茶

状如雀舌·茶色绿润

特 征

茶形状：扁平挺直、
　　　　状如雀舌
茶色泽：绿润
茶汤色：嫩黄明亮
茶香气：嫩香持久
茶滋味：鲜爽
茶叶底：嫩匀
产　地：江苏省金坛市
　　　　方麓茶场

江苏省

南京● ●金坛

干茶 扁平挺直

属炒青绿茶。1982年由金坛县多种经营局与方麓茶场科技人员共同研制，并以金坛县名和茶叶形状命名。

金坛雀舌主产于方麓茶场，每年于清明前后开采，采摘芽苞和一芽一叶初展之鲜叶为原料，经杀青、摊凉、整形、干燥等工序加工而成。杀青和整形是制好金坛雀舌茶的关键。杀青手法，采用抛、焖结合的方法，然后抖、撩交替进行，待散失一定水分后，改用以搭为主，结合抖、撩做形，使茶初步形成扁直形，稍有触手感时，起锅摊凉。稍后的整形，以搭和抓两种手法结合进行，使茶叶在一定的压力作用下，趋向扁、直、平、滑，形似雀舌。在锅中炒至发出"沙沙"响声时，即可起锅摊凉冷却收藏。

茶汤 嫩黄明亮

叶底 嫩匀

绿茶

西湖龙井

馥郁清香·甘鲜醇和

🍃 特 征

茶形状：扁平挺直、
　　　　光洁匀整
茶色泽：翠绿鲜润
茶汤色：同清色绿
茶香气：馥郁清香、幽而不俗
茶滋味：甘鲜醇和
茶叶底：嫩绿、匀齐成朵
产　地：杭州市西子湖畔
　　　　西湖山区

干茶　扁平挺直

茶汤　同清色绿

叶底　匀齐成朵

　　扁形绿茶，以"色绿、香郁、味醇、形美"四绝著称，驰名中外。2001年11月4日龙井茶开始实施原产地域保护，将杭州西湖区划为龙井茶生产发源地，冠以"西湖龙井茶"名称。

　　清明前后至谷雨是采制龙井茶的最佳时节，特级茶采摘标准为一芽一叶及一芽二叶初展鲜叶，每公斤干茶需7万～8万个鲜嫩芽叶。手工炒制分抓、抖、搭、拓、捺、推、扣、甩、磨、压等10个基本动作，分别在青锅、炒二青和辉锅三道工序中完成，还要配以分筛、回潮、挺长头、簸片末等辅助工序。目前一、二级西湖龙井也有推广机械制茶的。

大佛龙井 绿茶

汤色杏绿·嫩香持久

🍃 特 征

茶形状：扁平光滑、
　　　　尖削挺直
茶色泽：绿翠匀润
茶汤色：杏绿明亮
茶香气：嫩香持久、
　　　　略带兰花香
茶滋味：鲜爽甘醇
茶叶底：嫩绿明亮
产　地：浙江省新昌县
　　　　等地

干茶 尖削挺直

茶汤 杏绿明亮

叶底 嫩绿明亮

因大佛寺得名。新昌县全县地势由东南向西北呈阶梯状下降。茶园主要分布在海拔200～600米的丘陵山地之中。迎霜、翠峰、乌牛早等是当地主栽茶树良种。大佛龙井茶分特级至五级共六个等级。

制作工艺与杭州西湖龙井相仿，分摊放、杀青、摊凉、炒二青、辉干等工序，炒制的操作手法包括抓、抖、抹、搭、捺、扣、压等手法。

20世纪80年代后期起，加快产业化步伐，新昌县有5家企业注册品牌商标，1995年新昌县被命名为"中国名茶之乡"。1991年大佛龙井茶获"中国文化名茶"称号，1995年获第二届中国农博会金奖。

绿茶

吴刚茶

嫩绿油润·清香馥郁

🍃 特 征

茶形状：扁平光滑、尖削
茶色泽：嫩绿油润
茶汤色：嫩绿明亮
茶香气：清香馥郁
茶滋味：鲜爽
茶叶底：肥嫩成朵
产　地：浙江省龙游县
　　　　沐尘乡凤凰山
　　　　一带

杭州
浙江省
•龙游

干茶　扁平光滑

茶汤　嫩绿明亮

叶底　肥嫩成朵

　　主产地在浙江、江西、福建三省交界处，海拔400多米，环峰连绵，山峦起伏，气候温和。茶树在漫射光条件下生长，形成特有的高山茶特色。当地主要适制品种有鸠坑种和龙井43号等，于春分前后开采。

　　特级茶原料采一芽一叶初展鲜叶，1～3级茶原料采一芽一叶至一芽二叶初展鲜叶。制作工艺分摊放、杀青、分解、辉锅等四道工序。杀青有压、搭、抖等手法，辉锅主要用扣、磨、甩、压等炒制方法。

　　吴刚茶品质超群，在1992年获全国农业博览会银奖，1992年和1993年分别获浙江省"优质茶"和"一类名茶"称号，2001年获中国茶叶学会第四届"中茶杯"全国名优茶评比一等奖。

长兴紫笋茶

芽叶似笋·形似兰花

特 征

茶形状：芽叶相抱似笋、形似兰花

茶色泽：绿翠、银毫显露

茶汤色：清澈明亮

茶香气：清高

茶滋味：鲜醇甘甜

茶叶底：嫩绿柔软

产　地：浙江长兴县顾渚山

干茶 形似兰花

历史著名贡茶，属半烘炒型绿茶。始于唐代宗广德年间（公元 763 ～ 764 年），后失传，1978 年恢复生产。

长兴紫笋茶主产于浙江省长兴县顾渚山麓。顾渚山位于太湖之滨，空气潮湿，雨水充沛，土壤肥沃。

制作工艺包括：采摘、摊青、杀青、理条（带有轻揉捻作用）；摊凉、初烘、复烘等工序。标准原料为一芽一叶初展鲜叶，一级为一芽一叶初展鲜叶占 85% 左右。根据芽叶嫩度分紫笋、旗芽、雀舌等三个级别。1978 年紫笋茶恢复后，连续 4 年被评为浙江一类名茶。1982 年获浙江省农业厅颁发的"名茶证书"。

茶汤 清澈明亮

叶底 嫩绿柔软

绿茶

开化龙顶

香气清幽·鲜醇甘爽

杭州

浙江省

开化

干茶　紧结挺直

茶汤　杏绿清澈

叶底　成朵匀齐

　　新创名茶，属半烘炒型绿茶。开化产茶早有历史记录，但多以产白毛尖等芽茶为主。据《开化县志》记载，开化名茶于明崇祯四年（1631年）已成贡品，清光绪二十四年（1898年）名茶朝贡时"黄绢袋袱旗号篓"，由专人专程进献。后失传，20世纪70年代，科技人员在齐溪公社大龙山海拔800米的"龙顶潭"附近采叶试制名茶，获得成功，并命名为开化龙顶。

　　产地潮湿多雾，日照短，多阴雨天，茶树沉浸在云蒸霞蔚之中，堪称佳茗极品。开化龙顶的制作工艺包括采摘、摊放、杀青、轻揉、搓条、初烘、造型提毫、低温焙干等工序。成品茶分特、一、二级三个级别。

江山绿牡丹

形似兰花·具嫩栗香

🍃 特 征

茶形状：紧结挺直、
　　　　形似兰花
茶色泽：翠绿显毫
茶汤色：嫩绿清澈
茶香气：高爽、具嫩栗香
茶滋味：鲜醇爽口
茶叶底：黄绿厚实
产　地：浙江省江山市
　　　　仙霞山麓

杭州
浙江省
江山

干茶 紧结挺直

新创名茶，属烘青绿茶，1980年春由江山市林业局科技人员研制。因主产于江山市仙霞山麓，故又名"仙霞茶"、"仙霞化龙"，后正式定名"江山绿牡丹"。

据传明代正德皇帝巡视江南时，途经仙霞关，品饮仙霞茶后赞不绝口，当即赐名为"绿茗"，列为贡茶。

清同治年间《江山县志》记，宋代文人苏东坡称"江山茶色香味三绝"。当地环境溪水潺潺，云雾缭绕。绿牡丹茶以采摘细嫩、加工精湛而驰名。后随着沧桑变迁，绿茗茶失传。20世纪80年代恢复试制。经摊放、杀青、摊凉、理条、轻揉、烘焙等工序制作而成。

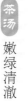

茶汤 嫩绿清澈

叶底 黄绿厚实

绿茶

径山茶

细嫩紧结·鲜嫩栗香

特 征

茶形状：细嫩紧结、显毫
茶色泽：翠绿
茶汤色：嫩绿莹亮
茶香气：鲜嫩栗香
茶滋味：甘醇爽口
茶叶底：匀净成朵
产　地：浙江省杭州市
　　　　余杭区长乐镇
　　　　径山村

干茶　细嫩紧结

茶汤　嫩绿莹亮

叶底　匀净成朵

历史名茶，属烘青绿茶。径山茶始于唐朝，闻名于两宋。宋代吴自牧《梦粱录》卷八"物产"中记："径山采谷雨前茗，以小缶贮馈之。"明万历《余杭县志》"物产"记："茶，本县径山四滨坞出者多佳。"

径山风光绮丽，秀竹成林，茶树多在海拔560米以上山坡种植，气候湿润，终年云雾缭绕，昼夜温差大，土质疏松肥沃，因此茶叶品质优越。径山茶分特一、特二、特三共三个等级。采摘标准以一芽一叶或一芽二叶初展鲜叶为原料制作。特一级工艺分摊放、杀青、揉捻、烘焙等四道工序。

方山茶

色泽绿润·香高味鲜

特 征

茶形状：条索细紧、
挺直略扁、
形似兰花
茶色泽：色泽绿润、毫锋显露
茶汤色：嫩绿清澈
茶香气：幽香持久
茶滋味：鲜醇爽口
茶叶底：细嫩成朵
产　地：浙江省龙游县
溪口等地

杭州

浙江省

·龙游

 干茶 挺直略扁

历史名茶，属半烘炒型绿茶。宋明代时已闻名。北宋蔡宗颜撰《茶谱遗事》记："龙游方山阳坡出早茶，味绝胜。"民国《龙游县志》记："龙游南乡多产白毛尖，香高味鲜。"方山位于龙游以南的丘陵山地，土层深厚，雨量充沛，昼夜温差大，自然条件优越。方山茶的采摘标准为初展一芽一二叶，加工工艺分杀青、搓揉、初烘、炒干理条、复烘等五道工序。分特级、一级、二级三个等级，已获有机茶认证。1989 年认定为省级一类名茶；2001 年获中国茶叶学会第四届"中茶杯"全国名优茶评比一等奖。

 茶汤 嫩绿清澈

 叶底 细嫩成朵

绿茶

雪水云绿

翠芽玉立·清汤绿影

干茶 挺直扁圆

茶汤 清澈明亮

新创名茶，属烘青绿茶。1989年春，由桐庐县农业局研制开发成功。雪水云绿产自雪水岭的龙涎顶，海拔900余米，有龙潭瀑布、崖壑飞流，四周群峰翠叠，云海缥缈，具有优良的生态环境。雪水云绿于早春清明前后开采，经杀青、理条、初焙、复焙等工序制成。冲泡时茶芽如莲芯挺立杯中，徐徐浮沉，翠芽玉立，清汤绿影。

曾连续四届评为浙江省一类名茶；1992年和1995年获首届和第二届中国农业博览会金质奖；1999年获中国茶叶学会第三届"中茶杯"全国名优茶评比一等奖。

叶底 嫩匀完整

东白春芽

唐代名茶·嫩板栗香

特 征

茶形状：平直略开展、
形似兰花、
芽毫显露
茶色泽：翠绿
茶汤色：清澈明亮
茶香气：嫩板栗香
茶滋味：鲜醇
茶叶底：匀齐嫩绿
产　地：浙江省东阳市
东白山

干茶　平直略开展

半烘炒型绿茶，又称婺州东白茶。为唐代名茶，1980年恢复创制。唐李肇的《国史补》中将婺州东白与蒙顶白花、顾渚紫笋等15种茶列为唐代名茶。东白山位于东阳之东北，群山峰峦起伏，终年绕雾，多茂林修竹，雨量充沛，昼夜温差大，土壤肥沃，芽叶粗壮。东白春芽在清明至谷雨间采一芽一至二叶初展芽梢，经摊放、杀青、炒揉、初烘、复烘等工序制成。优越的自然环境、优良的茶树品种和精湛的采制技术使东白春芽色香味俱佳。

20世纪80年代以来在浙江名茶评比中多次被评为一等奖；2001年获中国茶叶学会第四届"中茶杯"全国名优茶评比二等奖。

茶汤　清澈明亮

叶底　匀齐嫩绿

绿茶

金奖惠明

清澈明净·鲜爽甘醇

🍃 特 征

茶形状：肥壮紧结
茶色泽：翠绿显毫
茶汤色：清澈明净
茶香气：清高持久
茶滋味：鲜爽甘醇
茶叶底：嫩匀成朵
产　地：浙江省景宁县
　　　　惠明寺一带

干茶　肥壮紧结

茶汤　清澈明净

叶底　嫩匀成朵

　　历史名茶，属炒青绿茶。据传唐代惠明寺已有产茶。明成化十八年（公元1482年）列为贡茶。

　　民国四年获美利坚巴拿马万国博览会一等证书及金质褒章。后因战事而失传，1975年恢复试制。赤木山群峰耸峙，云雾围绕，使阳光以漫射光方式照射，奠定了惠明茶优异品质的基础。惠民茶采摘标准以一芽一叶为主，采摘早生、多毫、肥壮的优质鲜叶为原料，经杀青、揉捻、理条、提毫、整形、摊凉、炒干等工序制成。

　　惠明茶泡在杯中汤色清澈、嫩匀成朵，芽芽直立，栩栩如生，花香郁馥，滋味甘鲜。目前已有机械加工产品。

55

临海蟠毫

色绿毫多·香郁味甘

特征

茶形状：紧结、蟠曲显毫
茶色泽：银绿隐翠
茶汤色：嫩绿清澈
茶香气：鲜嫩持久
茶滋味：鲜爽醇厚
茶叶底：嫩绿成朵
产　地：浙江省临海市云峰山

干茶 紧结蟠曲

属半烘炒型绿茶，以其外形蟠曲披毫故名，有"形美、色绿、毫多、香郁、味甘"之特点。产地环境优美，古刹深幽，林木郁葱，气候温和，雨量充沛，终年云雾缭绕，土层深厚。优异的环境孕育了优异的鲜叶自然品质。

制茶原料多用福鼎白毫一芽一叶至一芽二叶初展芽叶，在春分前后开采；工艺包括摊放、杀青、造型（炒干）、烘干等工序，其中造型是形成"蟠毫"的关键工序。分特级、一至三级共四个等级。除手工炒制外，已有机械炒制产品。

茶汤 嫩绿清澈

叶底 嫩绿成朵

望海茶

绿茶

香气持久·回味甘甜

特征

茶形状：条索细紧挺直
茶色泽：翠绿显毫
茶汤色：嫩绿清澈
茶香气：香气持久、
　　　　有嫩栗香
茶滋味：鲜醇爽口、
　　　　回味甘甜
茶叶底：明亮匀齐
产　地：浙江省宁海县
　　　　望海岗一带

干茶 细紧挺直

茶汤 嫩绿清澈

叶底 明亮匀齐

望海岗海拔 931 米，系天台山脉分支，山峦蜿蜒，极目千里，眺望东海，海天相接，故名。由于气候温和，雨量充沛，昼夜温差大，因此，鲜叶原料内质优异，尤以微量元素锌和镁含量特高。望海茶于清明至谷雨前开采，采摘一芽一叶初展鲜叶，采回鲜叶需用竹垫摊放 3～4 小时后方可进入加工阶段。经杀青、揉捻、做形、烘炒等工序制成，在做形时需用双手握茶旋转、揉搓、抖散，使茶条细紧挺直，不勾曲。每公斤干茶约需 7 万个左右茶芽。

1982 年起连续 3 年被评为浙江省一级名茶；1995 年获第二届中国农业博览会金质奖；1999 年获中国茶叶学会第三届"中茶杯"全国名优茶评比一等奖。

方岩绿毫 绿茶

翠绿披毫·茶味醇厚

杭州
浙江省
·永康

 干茶 形似兰花

　　创新名茶，20世纪90年代创制成功，属烘炒型绿茶。产地海拔800米，土质肥沃，山峰翠绿，雨量充沛，常年云雾缭绕，多漫射光。方岩绿毫的采摘标准为一芽一叶初展鲜叶，芽长于叶或芽与叶平齐，芽叶长度2～3厘米。制作工艺包括摊放、杀青、理条做形、烘干等四道工序。鲜叶摊放时间为4～8小时，用6CST-30（D）型滚筒杀青机杀青，理条做形用6CLZ-60（D）型往复理条机，理条锅温先高后低，时间为4～8分钟。

　　烘干分毛火和足火两个过程。现已有机械制茶产品。

 茶汤 清澈明亮

 叶底 嫩绿成朵

绿茶 **更香翠尖**

翠绿油润·香气浓郁

干茶 紧细挺直

特 征

茶形状：紧细挺直
茶色泽：翠绿油润
茶汤色：黄绿明亮
茶香气：浓郁高长
茶滋味：醇厚鲜爽、
　　　　回味甘甜
茶叶底：嫩绿明亮
产　地：浙江省武义县
　　　　白姆乡

茶汤 黄绿明亮

新创名茶，属烘青有机绿茶。20 世纪
90 年代，由北京更香茶叶有限公司和中国农
业科学院茶叶研究所共同在浙江武义研制开
发。产地在海拔 1000 米左右的高山上，常
年云雾缭绕，环境山清水秀，土壤肥沃，气
候温和，优越的生态环境是更香翠尖茶优异
品质的基础。产地远离工业区和其他作物种
植区，因此无污染。在清明前后采摘一芽一
叶细嫩芽梢，每公斤干茶需 12 万个左右茶
芽。炒制过程严格，按有机茶加工工艺制作，
分杀青、烘干、提香三道工序。炒制工具全
部采用不锈钢材料，从采摘、加工到包装全
过程均依有机茶生产要求管理。

叶底 嫩绿明亮

银猴茶

形如小猴·满披银毫

特 征

茶形状：	条索肥壮弓弯、形如小猴
茶色泽：	色绿光润
茶汤色：	嫩绿清澈
茶香气：	香高持久
茶滋味：	鲜醇爽口
茶叶底：	嫩绿成朵、匀齐明亮
产　地：	浙江省遂昌、松阳两县

干茶　肥壮弓弯

银猴茶分为"遂昌银猴"和"松阳银猴"，产于遂昌及松阳两县高海拔山地。产地土层深厚，峰峦叠嶂，云海缥缈，秀丽壮观，令人有"山外山，山中山，山上山"之感觉，优越的生态环境是银猴茶优异品质的基础。银猴茶用多毫型福云品系为原料，一般在清明前后10天采摘一芽一叶初展芽梢，茶芽粗壮多茸毛，叶片肥厚柔嫩。制作工艺包括鲜叶摊放、杀青、揉捻、造型、烘干等工序。造型是塑造银猴茶美观外形后的关键工序，注意手势轻巧，以免白毫脱落和变色。锅温掌握在80℃～100℃间，使茶叶形成独特的小猴形状，满披银毫，形美味佳，品质优异，风格独特。

茶汤　嫩绿清澈

叶底　匀齐明亮

绿茶

千岛玉叶

芽壮显毫 · 翠绿嫩黄

特 征

茶形状：条直扁平、
　　　　挺似玉叶、
　　　　芽壮显毫
茶色泽：翠绿嫩黄
茶汤色：汤色明亮
茶香气：香气清高、隽永持久
茶滋味：醇厚鲜爽
茶叶底：厚实匀齐
产　地：浙江省淳安县
　　　　青溪一带

干茶 条直扁平

茶汤 汤色明亮

叶底 厚实匀齐

　　原名"千岛湖龙井"。1983 年 7 月原浙江农业大学教授庄晚芳等茶叶专家到淳安考察，根据千岛湖景色和茶叶具白毫的特点，题名为"千岛玉叶"。产地山多林茂，云雾缭绕，温暖湿润，土壤肥沃。千岛玉叶名茶在清明前开采，特一级茶叶采摘标准为一芽一叶初展鲜叶，每公斤干茶需 4 万～5 万个茶芽，分特一、特二、特三共三级。制作工艺包括杀青做形、筛分摊凉、辉锅定形筛分整理等工序。制作手法有搭、抹、抖、捺、揿、挺、抓、磨等，仿杭州西湖龙井的采摘标准和炒制手法。近年已逐步走向机械化加工。

龙浦仙毫茶

绿茶

色泽鲜活·香气清鲜

特征

茶形状：单芽型、
　　　　条索细紧匀整
茶色泽：翠绿鲜活
茶汤色：清澈明亮
茶香气：清鲜
茶滋味：甘醇
茶叶底：匀整成朵
产　地：浙江省上虞市
　　　　南部龙浦乡

杭州　上虞

浙江省

干茶　细紧匀整

　　新创名茶，属针形半烘炒绿茶，已通过有机茶验证。产地分布在上虞市龙浦乡海拔800米以上高山，云雾缭绕，群山起伏，气候温暖湿润，土壤肥沃，昼夜温差大，优良的生态环境形成优质的鲜叶原料。

　　龙浦仙毫在清明前后进行采摘，以采摘单芽为主，每公斤成茶需用10万个以上幼嫩茶芽。经摊放、杀青、初烘、整形、提香、干燥等工序加工而成。

　　茶汤清澈明亮、滋味甘醇、清香。2000年获中国茶叶学会第三届"中茶杯"全国名优茶评比一等奖。

茶汤　清澈明亮

叶底　匀整成朵

绿茶 # 汶溪玉绿茶

挺直显毫·茶色嫩绿

🍃 特 征

茶形状：挺直显毫
茶色泽：嫩绿
茶汤色：清澈明亮
茶香气：香高
茶滋味：鲜醇
茶叶底：嫩绿匀整
产　地：浙江省宁海县

干茶　挺直显毫

茶汤　清澈明亮

叶底　嫩绿匀整

于 20 世纪 90 年代后期创制的名茶，属烘炒型绿茶。产地受海洋性气候影响，气候温和，雨量充沛，湿度大，土层深厚，土质肥沃，优良的生态环境形成优质的原料。

在清明前后采自福鼎白毫品种茶树，以一芽一叶初展鲜叶为采摘标准。经摊青、杀青、摊凉、揉搓做形、初烘、理条、足烘、筛分等工序制成，目前已采全程机械化生产。

产品质量上乘，色绿香高，滋味鲜醇。多次获省内和全国性的奖励。曾获浙江省机制名茶第一名；2001 年获中国茶叶学会第四届"中茶杯"全国名优茶评比特等奖；2002 年获浙江省农业博览会优质农产品银奖。

更香雾绿

茶汤清澈·清爽甘甜

特征

茶形状：细嫩显芽
茶色泽：翠绿
茶汤色：清澈明亮
茶香气：清香
茶滋味：清爽甘甜
茶叶底：嫩绿明亮
产　地：浙江省武义县
　　　　白姆乡

杭州
·武义
浙江省

干茶 细嫩显芽

21世纪初由北京更香茶叶有限公司和中国农业科学院茶叶研究所联合研制开发，属烘青绿茶。已获有机茶颁证。产地在武义县白姆乡海拔1000米的高山上，常年云雾缭绕，植被良好，山清水秀，土层深厚，土壤肥沃，昼夜温差大，远离工业园区。优越的生态环境是更香雾绿茶优异品质的基础。在清明前后开采，采摘一芽一叶初展芽叶进行加工。每公斤干茶约需12万个细嫩芽头。制作工艺包括杀青、揉捻、烘干、提香等工序。炒制工具全部采用不锈钢材料，安全卫生。茶园管理、采摘、加工、包装全过程，均依有机茶要求进行监控和管理。

茶汤 清澈明亮

叶底 嫩绿明亮

七星春芽

绿翠光润·鲜醇爽口

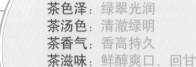

干茶　细嫩挺秀

茶汤　清澈绿明

叶底　嫩绿明亮

　　天台山余脉分布宁海全境，茶区云雾缭绕，海拔在 1000 米左右，土层深厚，土质肥沃，昼夜温差大，优良的生态条件下形成了优质的鲜叶原料。由于主产地在七星塘山，故名"七星春芽"。

　　福鼎白毫茶，是当地主栽茶树品种。七星春芽以福鼎白毫为原料，在清明前后采摘一芽一叶初展鲜叶为原料，经摊放、杀青、摊凉、轻揉、造型、初烘和足烘七道工序制成。现已实现全程机械化加工。1999 年起茶园管理、采摘、加工、包装等实行全过程有机茶管理。2001 年获中国茶叶学会第四届"中茶杯"全国名优茶评比一等奖。

禹园翠毫

绿润显毫 · 清香持久

🍃 特 征

茶形状：纤曲秀丽
茶色泽：绿润显毫
茶汤色：清澈明亮
茶香气：清香持久
茶滋味：鲜醇甘爽
茶叶底：嫩匀
产　地：浙江省安吉县
　　　　南湖林场

安吉
杭州

浙江省

干茶 纤曲秀丽

新创名茶，属烘炒型绿茶。由安吉县南湖林场于 20 世纪 90 年代创制的机制名茶。主产于浙北黄壤丘陵地带，产地春季温暖多雨，以鸠坑群体茶树品种为原料，采一芽一至二叶初展鲜叶，经杀青、揉捻、初烘、做形、足烘、干燥等工序，全过程采用机械加工。

茶汤 清澈明亮

叶底 嫩匀

绿茶

云绿茗尖茶

茶形挺秀 · 汤色明亮

🍃 特 征

茶形状：细嫩挺秀
茶色泽：翠绿显毫
茶汤色：清澈明亮
茶香气：清香持久
茶滋味：鲜爽回甘
茶叶底：嫩绿明亮
产　地：浙江省宁海县
　　　　深圳南溪温泉
　　　　一带

干茶

细嫩挺秀

茶汤

清澈明亮

叶底

嫩绿明亮

　　创制名茶，属烘青绿茶。天台山余脉分布宁海县全境，茶区海拔在千米左右，高山云雾缭绕，昼夜温差大，土层深厚，土质肥沃，自然生态条件优越，鲜叶品质良好。云绿茗尖茶在清明前后进行采摘，采用细嫩茶芽为原料，特级茶均采单芽制成，每公斤干茶约16万个芽头。鲜叶经摊放、杀青、摊凉、轻揉、造型、初烘和足烘等七道工序制成。现已采用全程机械化加工。1998年起茶园管理、采摘、加工、包装等全过程按有机茶要求实行监控和管理。特级茶泡茶时茶芽挺立杯中，上下浮沉，色绿形美，味甘香高，品质上乘。

莫干剑芽

状似松针·茶香清新

特 征

茶形状：细紧挺直似松针
茶色泽：翠绿显毫
茶汤色：嫩绿明亮
茶香气：清新持久
茶滋味：鲜爽
茶叶底：单芽完整、
　　　　嫩绿柔软
产　地：浙江省德清县
　　　　莫干山区

于 1995 年秋新创制名茶，属半烘炒型绿茶。莫干山脉分布德清全县，境内群山连绵，茶区海拔多在 500 ~ 700 米之间，生态环境优越，夏无酷暑，冬少严寒，土层深厚，土质肥沃。茶鲜叶自然品质优良，无污染。

莫干剑芽采摘粗壮单芽，每公斤干茶需十余万个茶芽。经摊放、杀青、理条、摊凉、烘干等工序加工而成。泡茶时茶芽挺立杯中，徐徐浮沉，清汤绿影，令人入迷。

1997 年被评为浙江省一类名茶，同年获中国茶叶学会第二届"中茶杯"全国名优茶评比二等奖。

干茶 细紧挺直

茶汤 嫩绿明亮

叶底 嫩绿柔软

绿茶

瀑布仙茗

茸毛显露·光润绿翠

 特 征

茶形状：条索紧结、
　　　　茸毛显露
茶色泽：光润绿翠
茶汤色：嫩绿清澈
茶香气：高雅持久、具栗香
茶滋味：鲜醇爽口
茶叶底：细软明亮
产　地：浙江省余姚市
　　　　四明山麓

干茶 条索紧结

茶汤 嫩绿清澈

叶底 细软明亮

浙江省最古老的历史名茶，属炒青绿茶，又名瀑布茶。西晋晋惠帝永熙年间（公元290～291年），已有记载，距今已有1700余年历史。四明山区山峦起伏，翠峰叠连，碧波荡漾，云雾缥缈，为茶树生长提供了优越的生态环境。

瀑布仙茗分春、秋两期采制。春期仙茗在清明前开采，至4月中旬结束；秋期仙茗在9月下旬至10月中旬采制，采摘一芽一叶（特级）至一芽二叶（一级）标准的鲜叶，经摊放、杀青、揉捻、理条、整形、足火等工序制成。瀑布仙茗现已采用机械化加工。

安吉白茶 绿茶

香气馥郁·沁人心脾

干茶 条索自然

因叶色玉白、形如凤羽，又名玉凤茶。是一种温度敏感突变体，每年春季在20℃～22℃的较低温条件下，新生叶片中叶绿素合成受阻，出现叶色的阶段性白化，伴随出现蛋白水解酶活性提高，使游离氨基酸含量增加。气温上升后，叶色恢复成绿色。安吉白茶采摘期只有30天左右（在4月15日～5月15日）。幼嫩芽叶经适度摊放、杀青、摊凉、初烘、复烘制成。成品茶品质特点是氨基酸含量特别高，总量可达6%以上，比一般绿茶高一倍左右。由于其外形秀美，叶色白绿相间，香气馥郁，沁人心脾，品质特异。

安吉白茶连续多次获得中国茶叶学会"中茶杯"全国名优茶评比特等奖。

茶汤 杏黄

叶底 黄白似玉

绿茶

安吉白片

清香持久·鲜甜爽口

特 征

茶形状：挺直扁平、
　　　　形似兰花

茶色泽：色泽翠绿

茶汤色：清澈明亮

茶香气：清香持久

茶滋味：鲜甜爽口

茶叶底：柔软肥壮、
　　　　嫩绿明亮

产　地：浙江省安吉县
　　　　山河等地

干茶　挺直扁平

茶汤　清澈明亮

叶底　柔软肥壮

　　历史名茶，属半烘炒型绿茶。安吉产茶历史悠久，唐陆羽《茶经》中记"浙西，以湖州上……生安吉、武康二县山谷"。1979年以前安吉以生产炒青绿茶为主。天目山系分布安吉全县，境内山峦起伏，森林茂密，云雾缭绕，土壤肥沃，茶树生长生态环境优越。1980年恢复研制，白片茶的生产获得成功。安吉白片，采摘一芽一叶初展之鲜叶，经杀青、清风、压片、初烘、摊凉、复烘等工序制成。安吉白片与安吉白茶虽都是半烘炒型绿茶，但两者有区别。安吉白片是由当地群体品种制成，而安吉白茶是由特定的白茶品种加工而成。

太白顶芽

芳香馥郁·鲜醇略甘

特 征

茶形状：粗壮显毫、
形似梭心
茶色泽：翠绿油润
茶汤色：嫩黄清澈
茶香气：芳香馥郁、具嫩栗香
茶滋味：鲜醇略甘
茶叶底：匀齐嫩绿
产　地：浙江省东阳市
东白山

干茶 粗壮显毫

属烘青绿茶。唐陆羽《茶经》中有"婺州（今东阳），东白山与荆州（今湖北江陵县）同"的述说。唐李肇《国史·补》中将婺州东山与睦州（今浙江桐庐）鸠坑、顾渚紫笋等15种茶列为唐代名茶。后因岁月变迁，名茶工艺失传。1979年东白山茶场研制与恢复了太白顶芽的生产。在清明至谷雨间采摘一芽一叶初展鲜叶，芽长于叶，形似笋头。经摊放、杀青、炒揉、烘焙等工序制成。由于太白顶芽氨基酸含量高达5%，茶条挺直，品质超群，于1997年、1999年和2001年连获中国茶叶学会第二、第三、第四届"中茶杯"全国名优茶评比一等奖和二等奖。

茶汤 嫩黄清澈

叶底 匀齐嫩绿

敬亭绿雪

绿茶

嫩香持久·滋味甘醇

干茶

挺直饱满

茶汤

黄绿清澈

叶底

嫩绿成朵

🍃 特 征

茶形状：形如雀舌、
　　　　挺直饱满
茶色泽：翠绿色
茶汤色：黄绿清澈明亮
茶香气：嫩香持久
茶滋味：甘醇
茶叶底：嫩绿成朵
产　地：安徽省宣州
　　　　城北的敬亭山
　　　　一带

安徽省

◎合肥

宣州●

　　历史名茶，属条形炒青绿茶，始于明代。每年在清明至谷雨采摘一芽一叶初展，芽尖与叶尖平齐的茶芽，经杀青、做形与干燥等三道工序制成。做形是敬亭绿雪成形的关键工艺，在60℃的锅温中，采用搭拢和理条二种手法完成做形。搭拢是四指并拢与拇指并用，使杀青叶在掌心内做形又不滑出虎口，直至芽叶并拢，不分不离成为雀舌雏形。理条是运用腕力和指力，使叶子在锅内往复运动，理直茶条。搭拢和理条有分有合，巧妙配合。当茶条呈雀舌形，约四成干时即可出锅。后经烘干收藏。敬亭绿雪在1997年、2001年连获中国茶叶学会第二、第四届"中茶杯"全国名优茶评比一等奖。

黄山绿牡丹

茶形如花·翠绿显毫

🍃 特 征

茶形状：呈花朵状、
　　　　似银丝穿翠玉
茶色泽：翠绿
茶汤色：黄绿明亮
茶香气：清香
茶滋味：醇爽
茶叶底：嫩绿、形如牡丹
产　地：安徽省歙县

安徽省
◎合肥
歙县●

 干茶 呈花朵状

 茶汤 黄绿明亮

　　主产于歙县大谷运的黄音坑、上扬尖、仙人石一带。始于 1986 年，由歙县黄山芳生茶叶有限公司首先制作，经十余年开发，现已形成年产 150 多吨的花型茶产业。绿牡丹于谷雨前后采摘一芽二叶，芽叶全长 4～5 厘米之鲜叶，经杀青轻揉、初烘理条、选芽装筒、造型美化、定型烘焙、足干贮藏等六道工序制成。制作难度较高，均系手工生产。绿牡丹是一种既可饮用，又可供艺术欣赏的花型茶，开汤冲泡后，徐徐舒展，如一朵盛开的绿色牡丹，堪称国色天香。由于形状呈花朵，代表喜庆吉祥之意，因此常作婚、寿、礼宾招待用茶之珍品。黄山绿牡丹曾于 1992 年获"茶叶花"发明专利证书。

 叶底 形如牡丹

绿茶

桐城小花

芽叶完整·略带兰香

干茶 芽叶完整

安徽省
合肥
桐城

茶汤 绿亮清澈

历史名茶，属直条形烘青绿茶，创制于明代。桐城市地处皖中，境内的龙眠山是霍山山脉东南走向的一支脉，此处峰高谷深，气候温和，雨量充沛，野生兰草充盈山坡，是典型的皖中山区气候特征。

桐城小花属皖西兰花茶的一个品种。一般在谷雨前开采，选一芽二叶初展、肥壮、匀整、茸毛显露的芽叶，经摊放、杀青、初烘、摊凉、复烘、拣剔等工序，精制而成。成品茶分特、一、二、三等四个等级。特级桐城小花每500克约有2万余个芽头组成。

叶底 嫩绿完整

天柱剑毫

花香持久 · 鲜醇回甘

特 征

茶形状：挺直似剑、满披白毫
茶色泽：翠绿显毫
茶汤色：碧绿明亮
茶香气：花香持久
茶滋味：鲜醇回甘
茶叶底：匀整嫩鲜
产　地：安徽省潜山县天柱山一带

安徽省
◎合肥
·潜山

干茶 挺直似剑

始于唐代，史称天柱茶。1980 年恢复生产时，启用现名。天柱剑毫茶采制要求严格。清明至谷雨前后 20 天中选择生长健壮的茶树，采一芽一叶初展、一芽一叶开展和一芽二叶初展三个等级鲜叶分别付制。在摊青后，经杀青、理条、做形、提毫、烘焙等五道工序加工而成。在平锅中杀青，温度先高后低（160℃~130℃），勤翻高扬，至发出清香时变换手法进入理条阶段，理顺即行起锅，摊凉后进入做形阶段。做形是制作天柱剑毫的关键工序，通过翻、抖、捺、搭等手法，使茶叶平直呈剑状，最后抄起茶坯双手轻擦提毫，使白毫显露。茶坯起锅摊凉后，经初烘、复烘，直到足干，茶香陈发，下烘收藏。

茶汤 碧绿明亮

叶底 匀整嫩鲜

绿茶

天柱弦月

形似新月 · 滋味浓醇

 特 征

茶形状：条索细紧微曲、
　　　　形似新月
茶色泽：深绿油润
茶汤色：黄绿明亮
茶香气：花香持久
茶滋味：浓醇
茶叶底：嫩绿
产　地：安徽省潜山县
　　　　天柱山一带

安徽省

⊕合肥

•潜山

 干茶 细紧微曲

 茶汤 黄绿明亮

 叶底 嫩绿

创始于 1979 年，属条形炒青绿茶。潜山地处皖西大别山的东南麓，峰峦叠嶂，地貌类型多样，地形复杂，地势由西北向东南倾斜，依次形成山、丘和圩坂。天柱弦月采摘要求严格，每年于清明至谷雨前后 20 天中，选择生长健壮之茶树，采摘一芽一叶初展、一芽一叶和一芽二叶初展三个等级鲜叶，经摊青半天后分别付制，要求当天采摘芽叶当天制完。摊青叶经杀青、揉捻、解块后，在锅中徐徐炒干。制品分特级、一级和二级三个等级。天柱弦月是一种条形炒青高级绿茶与天柱剑毫等共同组成天柱山牌名优茶系列产品。

太平猴魁

幽香扑鼻·醇厚爽口

特 征

茶形状：挺直、扁平重实、
　　　　白毫隐伏
茶色泽：苍绿
茶汤色：杏绿清亮
茶香气：幽香扑鼻
茶滋味：醇厚爽口而回甘
茶叶底：肥厚柔软、
　　　　黄绿明亮
产　地：安徽省黄山区
　　　　新明乡一带

安徽省
●合肥

黄山

干茶 扁平重实

　　历史名茶，属尖形烘青绿茶。创制于清末。太平猴魁以当地柿叶种茶树为原料，采法极其考究。茶农在清晨朦雾中上山采摘，雾退收工，一般只采到上午 10 时。采回鲜叶，按一芽二叶标准一朵朵进行选剔（俗称拣尖），保证鲜叶大小整齐，老嫩一致。制作工艺分杀青、烘干两道工序。烘干又分毛烘、二烘和拖老烘等三段进行。将制好的猴魁趁热装入铁筒，以锡封口，运往销区。猴魁的色、香、味、形，别具一格，有"刀枪云集，龙飞凤舞"的特色。每朵茶都是两叶抱一芽，俗称"两刀一枪"。成茶挺直，魁伟重实，不散、不翘、不弯曲。色苍绿，遍身白毫，含而不露。

茶汤 杏绿清亮

叶底 肥厚柔软

绿茶

泾县剑峰茶

挺直有锋·带兰花香

 特 征

茶形状：挺直有锋
茶色泽：翠绿油润
茶汤色：绿明
茶香气：香高持久
　　　　带兰花香
茶滋味：鲜醇回甘
茶叶底：嫩绿、芽叶完整
产　地：安徽省泾县

安徽省
●合肥
泾县●

干茶

挺直有锋

茶汤

绿明

泾县以生产尖茶为主。目前生产的尖茶依据采摘原料老嫩分为魁尖、特尖和尖茶等三类。魁尖为一芽一叶初展和一芽一叶；特尖为一芽二叶初展和一芽二叶；尖茶为一芽三叶。剑峰茶是魁尖的一个品种。其制茶工艺与"太平猴魁"类似，并不繁复，分杀青和烘干两道工序。杀青投叶量少，以抖炒为主。烘焙用炭火，分初烘和复烘两道。初烘、复烘均用4只烘笼连续进行，其中并有轻压做形。成品挺直有峰，自然舒展，与猴魁相似，但品质风格却是伯仲有别。剑锋茶色泽鲜绿，不耐贮藏，而猴魁色苍绿；剑峰茶白毫显露，而猴魁白毫隐伏；剑峰茶身骨轻薄，欠肥壮，猴魁重实肥壮。

叶底

芽叶完整

六安瓜片

清香持久·鲜醇回甘

安徽省
六安 ○合肥
金寨
霍山

干茶 叶边背卷

名茶中唯一以单片嫩叶炒制而成的产品，堪称一绝。瓜片要茶梢长到驻芽时才开采。鲜叶采回后要及时扳片，使叶片与芽梗分开，老、嫩叶分别归堆。扳下芽叶制"银针"，梗与老叶炒"针把子"。炒片分两锅进行，用一般竹丝帚或高粱帚炒制。头锅，又称生锅，起杀青作用，锅温150℃，叶片变软、叶色变暗即可扫入熟锅（70℃~80℃），边炒边拍，起整形作用，炒成片状。再烘至八成干出售。经茶叶经营专业户收购后，按级归堆，再行二次复烘。第一次称拉小火，100℃温度至九成干下烘，拣去黄片杂物后，第二次即拉老火，采用高温、明火快烘，至叶面起霜足干，趁热装桶密封。

茶汤 碧绿清澈

叶底 黄绿明亮

绿茶

屯绿珍眉

嫩香鲜爽·滋味醇浓

特 征

茶形状：紧结重实、
　　　　显锋苗、条索匀齐
茶色泽：绿润
茶汤色：黄绿清澈
茶香气：嫩香鲜爽持久
茶滋味：鲜醇浓爽
茶叶底：嫩匀、肥厚、绿亮
产　地：安徽省黄山市
　　　　所辖歙县等县

安徽省
合肥

黄山

干茶 紧结重实

茶汤 黄绿清澈

叶底 肥厚绿亮

　　屯绿珍眉鲜叶采摘因地而异。深山区，只采春茶一季；低山丘陵区，采春、夏茶二季；只有在畈区的洲茶园采摘秋茶。春茶在谷雨至立夏间开采，夏茶芒种期间开采，秋茶白露时开园。屯绿是屯溪绿茶的简称，珍眉是炒青毛茶精制后的名称。典型的屯绿炒青毛茶初制工艺流程是：鲜叶（贮青）、杀青、揉捻、二青、三青、辉干（毛茶）。毛茶的精制作业包括筛分、切轧、风选、拣剔、干燥和车色等。毛茶通过分筛、抖筛、撩筛、风选、紧门、拣剔，初步分离出本身、长身、圆身、轻身、筋梗等各路筛号茶，再经拼配而成各种规格的成品茶。珍眉是以本身筛号茶为主，经拼配，成为一种长形茶。

岳西翠兰

舒展成朵·茶色翠绿

特　征

茶形状：芽叶相连、
　　　　舒展成朵、
　　　　形似兰花
茶色泽：翠绿
茶汤色：浅绿明亮
茶香气：清高持久
茶滋味：醇浓鲜爽
茶叶底：嫩绿明亮
产　地：安徽省岳西县

安徽省
●合肥
●岳西

干茶

芽叶相连

　　新创名茶，属直条形烘青绿茶类。创制
于 20 世纪 80 年代初。岳西位于安徽省西部，
是一个典型的山区县，气候温和，雨量充沛，
茶树生长条件优越。岳西翠兰茶采制讲究，
每年谷雨前后采一芽二叶初展之鲜叶，经拣
剔和摊放后付制。制作分杀青和烘干两道工
序。杀青采用手工，分头锅和二锅。头锅采
用高温快杀，约 3 分钟。当青气消失、清香
出现时，转入二锅。二锅温度稍低，边炒边
整形。当鲜叶失重达 45% ~ 50% 时，起锅
散热上烘。烘焙分毛火和足火，在炭火烘笼
上进行。两次烘干之间需摊凉半小时以上。
足干后略摊片刻，即装桶密封待售。

茶汤

浅绿明亮

叶底

嫩绿明亮

绿茶 涌溪火青

清高鲜爽·醇厚甘甜

特 征

茶形状：呈腰圆、
　　　　紧结重实
茶色泽：墨绿、油润显毫
茶汤色：黄绿、清澈明亮
茶香气：清高鲜爽
茶滋味：醇厚而甘甜
茶叶底：杏黄、匀嫩整齐
产　地：安徽省泾县
　　　　黄田乡的涌溪
　　　　等地

干茶　紧结重实

安徽省

●合肥

泾县●

茶汤　黄绿清澈

当地茶农仿徽州炒青，并参照浙江平水珠茶的特点制作而成。最初时称"青"，因当地口音将"焙"字念成"火"音，加上地名，便成了涌溪火青。

于清明至谷雨期间，采摘当地柳叶种茶树一芽二叶初展之鲜叶为原料，经拣剔后放在竹制圆匾中，置阴凉处摊放 6 小时后付制。自古至今其加工均为手工，分杀青、揉捻、炒头坯、并锅炒二坯、做形干、筛分等六道工序。从鲜叶下锅到制成干茶，在锅里用不同手法和不同锅温，连续不停地翻炒，其工艺细致而漫长，前后约 20 小时才能完成。并锅后一锅茶叶量都在 10 公斤以上。

叶底　杏黄匀嫩

金山时雨茶

花香高长·醇厚爽口

茶形状：卷曲显毫
茶色泽：翠绿油润
茶汤色：清澈明亮
茶香气：花香高长
茶滋味：醇厚爽口
茶叶底：嫩绿金黄
产　地：安徽省绩溪县
　　　　　上庄的上金山
　　　　　一带

安徽省
◎合肥

绩溪●

干茶　卷曲显毫

创制于清道光年间。原名金山茗雾，后改为现名。绩溪境内千米以上山峰有46座，茶园均栽植于海拔600～900米的五午凹、天凹、大塔、狮子头、羊栈、石丘滩、石屋上、石屋下等山场，春季阴雨连绵，花草吐香，周围林木葱郁，常年雾海云天，鲜叶天然品质优良。

金山时雨茶每年于4月下旬采一芽二叶初展之鲜叶（俗称莺嘴甲），每千克约5000个茶芽。采用炒青制法完成加工过程，具特耐冲泡之特点，冲泡时以第三次续水时茶味最佳，6次以后始淡。由于金山时雨茶花香持久，品质超群，深受消费者青睐。现已成为安徽主产名茶之一。

茶汤　清澈明亮

叶底　嫩绿金黄

黄山毛峰

绿茶

清香馥郁·鲜醇爽口

特 征

茶形状：形似雀舌、
　　　　白毫显露
茶色泽：黄绿油润
茶汤色：黄绿清澈明亮
茶香气：清香馥郁
茶滋味：鲜醇爽口
茶叶底：嫩黄柔软
产　地：安徽省黄山、
　　　　歙县、休宁

干茶 形似雀舌

茶汤 黄绿明亮

黄山毛峰品质之好坏取决于黄山大叶品种特性，发芽整齐，芽头壮实，茸毛特多，叶质柔软，氨基酸总量和水浸出物含量高，从而使成品茶白毫显露，味浓而爽。其制作分杀青和烘焙两道工序。杀青在广口深底斗锅中进行，要求在锅内翻得快，扬得高，撒得开，捞得净。炒至叶色转暗失去光泽时出锅。特级、一级毛峰不经揉捻，二级以下适当手揉。烘焙分毛火、足火两步进行。毛火用明炭火，足火用木炭暗火，采用低温慢烘，以透茶香。

特级毛峰冲泡时雾气绕顶，香气馥郁，芽叶竖直悬浮汤中，徐徐下沉，芽挺叶嫩，多次冲泡仍有余香。

叶底 嫩黄柔软

天竺金针 绿茶

嫩香持久·富有花香

🍃 特 征

茶形状：挺直匀齐披毫
茶色泽：翠绿
茶汤色：浅绿明亮
茶香气：嫩香持久、有花香
茶滋味：鲜爽
茶叶底：嫩黄明亮、全芽
产　地：安徽省宣州
　　　　天竺山一带

安徽省
合肥
宣州

干茶　匀齐披毫

新创名茶，属烘青条形绿茶。于 1988 年研制成功。宣州地处皖南山区，气候属中亚热带北缘气候类型，四季分明，气候温和，日照充足，无霜期长，偏东风多；光、温、水等气候因子配合良好，茶叶资源丰富，名茶群集，是安徽省重要茶叶生产基地。

天竺金针是 20 世纪 80 年代后期创制的品质较突出的名茶之一。以当地尖叶种鲜叶为原料，于清明前后采摘一芽一叶初展之芽叶，经杀青、做形、烘焙而成。成品茶制工细腻，形秀色绿，嫩香持久，现已成为安徽皖南地区最受消费者欢迎的名茶之一。

茶汤　浅绿明亮

叶底　嫩黄明亮

绿茶

舒城兰花

兰花清香·浓醇回甘

 特征

茶形状：	芽叶相连似兰草
茶色泽：	翠绿、匀润显毫
茶汤色：	绿亮明净
茶香气：	兰花清香
茶滋味：	浓醇回甘
茶叶底：	嫩绿成朵
产　地：	安徽省舒城县及六安、霍山、庐江、桐城、岳西等地

干茶　芽叶相连

茶汤　绿亮明净

叶底　嫩绿成朵

　　兰花茶一般在谷雨前开始采摘，小兰花采一芽二三叶，大兰花采一芽四五叶，特级兰花茶采一芽二叶初展的正常芽梢。白天采回鲜叶，至晚上生火炒茶。分杀青（生锅、熟锅）和烘焙二道工序。杀青用特制的竹丝把在两口锅中进行，第一口生锅，温度较高（锅底见红），鲜叶下锅，手持炒把在锅中连续不断回旋翻炒，散发水气；待叶质柔软转入第二口熟锅，适当降温，改用"紧把"，即边炒边用力将茶叶旋入竹把内，起揉条作用，再逐渐旋出散开透气，"紧把"和"松把"交替进行，使叶子既搓卷成条，又保持翠绿色泽，香味鲜爽。炒至"沙沙"作声时起锅摊凉，然后烘干，随即装桶密封。

白霜雾毫

形若兰花·滋味鲜醇

干茶　翠绿油润

由著名茶叶专家陈椽教授定名，一是因雾毫原产白桑园一带，"白霜"与"白桑"地名谐音；二是外形毫白如霜。每年于谷雨前后 10 天内采一芽一叶初展无病绿色芽叶（不采紫色芽），经拣剔置于篾匾中摊放数小时，待发出茶香后付制。分杀青做形和干燥两大工序。杀青做形在两口并连茶锅中进行，投叶量 25 ~ 30 克，手持特制小型竹丝帚，在锅内按顺时针方向有节奏地向锅左上部翻抛。当叶色变翠绿，显露茶香并发出沙沙响声时，出锅摊晾。然后分两次烘干，初烘达八九成干时下烘，经拣剔，于次日足烘提香，烘焙中翻动要轻，以保持芽叶完整。

茶汤　浅绿明亮

叶底　嫩匀成朵

绿茶

老竹大方

带板栗香·浓醇爽口

干茶 扁平匀齐

安徽省
⊙合肥

歙县⊙

茶汤 淡黄

大方茶是明隆庆至万历年间（公元1567～1572年）由大方和尚创制。于谷雨前采一芽二叶初展之鲜叶，经拣剔和薄摊，以手工杀青、做形、辉锅等工序制作而成。大方茶的炒制不平锅而用斗锅，在炒制过程中，为便于茶叶在锅中翻动，常在锅内壁涂抹几滴菜油或豆油，使锅壁光滑，这也是与其他茶类不同之点。大方茶有顶谷大方、老竹大方和素胚大方之分。顶谷大方是大方茶中之极品，外形扁平匀齐、披满金色茸毫，香气高长，有板栗香。老竹大方，又称竹叶大方，外形扁平匀齐、挺直、光滑，和龙井相似，但较肥壮。素胚大方由大方毛茶精制而成，是花茶原料，通过窨花制成珠兰大方、茉莉大方等大方花茶。

叶底 嫩匀黄绿

南湖银芽

清香持久·滋味鲜爽

特征

茶形状：条索细紧挺秀、有锋苗
茶色泽：银绿隐翠
茶汤色：嫩绿明亮
茶香气：清香持久
茶滋味：鲜爽
茶叶底：翠绿明亮
产　地：安徽省宣州南湖地区

安徽省
合肥
宣州

干茶　细紧挺秀

茶汤　嫩绿明亮

　　由宣州南湖茶林场于 1994 年创制。宣州位于皖南中低山、丘陵与长江沿岸平原交接地带，丘陵地貌覆盖全境，茶树均分布在 500 米以下的低山区。四季分明，气候温和，年温差大，雨量适中，日照充足，无霜期长，偏东风多；光、温、水等气候条件优越，且配合比较恰当，茶树生长良好。南湖银芽采摘当地尖叶群体种一芽一叶初展之鲜叶为原料，经杀青、理条、做形、烘干等工序加工而成。南湖银芽产品质量优秀，在省内外全国名优茶评比中多次获奖，1999 年获中国茶叶学会第三届"中茶杯"全国名优茶评比一等奖。

叶底　翠绿明亮

绿茶

漪湖绿茶

茶香高爽·浓而鲜醇

🍃 特 征

茶形状：挺直有锋苗、
　　　　舒展平整
茶色泽：翠绿
茶汤色：嫩黄绿亮
茶香气：高爽
茶滋味：浓而鲜醇
茶叶底：嫩绿成朵
产　地：安徽省郎溪县
　　　　南漪湖以东
　　　　山区

干茶 舒展平整

安徽省

○合肥

郎溪

茶汤 嫩黄绿亮

叶底 嫩绿成朵

　　新创名茶，属条形炒青绿茶类。是郎溪县溪湖茶业有限公司于1997年开发的新产品。

　　漪湖绿茶于清明至谷雨开采，采一芽一叶初展鲜叶，不采鱼叶、病虫叶、紫芽叶、伤损叶和雨水叶。经杀青、理条、初焙、足火等工序制成。研制初期在平锅中用手工理条，现已采用自动理条机完成理条作业，并在烘干机中进行初焙于足火工序，全程基本实现机械化作业，产品质量稳定。

　　涟漪湖绿茶在1999年获安徽省"优质农产品"称号。2001年获中国茶叶学会第四届"中茶杯"全国名优茶评比二等奖。

汀溪兰香 绿茶

嫩绿隐翠·香气持久

特 征

茶形状：壮实显芽
茶色泽：嫩绿隐翠
茶汤色：嫩黄绿亮
茶香气：清香持久
茶滋味：鲜醇
茶叶底：嫩绿成朵
产　地：安徽省泾县、
　　　　宁国与宣城等县

安徽省
○合肥
泾县●

干茶 壮实显芽

新创名茶，属尖形烘青绿茶，泾县是安徽省的好茶区，尖茶是其传统产品，远在唐宋年代就曾出过白云兰片、梅花片、涂尖等尖茶类名贵茶叶。

传说清乾隆帝六下江南，途经宁国府时，知府大人献上泾县汀溪的贡尖，乾隆品后，龙颜大悦，赞不绝口，吩咐随从多多带上，以备途中饮用。汀溪兰香系 1989 年在"提魁茶"的基础上研制而成。

汀溪兰香茶，每年于清明至谷雨期间一芽一叶或二叶初展之鲜叶，经杀青、作形、初烘和复烘等工序而制成。分特级、一级、二级。芽肥形美，香高持久，滋味鲜爽回甘。

茶汤 嫩黄绿亮

叶底 嫩绿成朵

绿茶

汀溪兰剑

嫩绿披毫 · 嫩香持久

 特 征

茶形状：挺直似剑、
　　　　有锋苗
茶色泽：嫩绿披毫
茶汤色：嫩绿明亮
茶香气：嫩香持久
茶滋味：鲜爽
茶叶底：绿嫩成朵
产　地：安徽省泾县

安徽省

●合肥

泾县●

干茶　挺直似剑

茶汤　嫩绿明亮

叶底　绿嫩成朵

　　创制于1989年。主产于泾县东南部山区的汀溪、爱民、南容、铜山、晏山、陈村等乡镇。这些地区山高林密，溪流潆洄，气候温湿，土壤也较为肥沃。

　　汀溪兰剑的采制工艺严格，要求于清明至谷雨期间采一芽一叶或二叶初展之鲜叶，茶农依其形象称之为"一叶抢，二叶靠"。茶芽还须肥壮完好，长约3厘米，每100个鲜茶芽重量为15克左右。采回鲜叶必须立即摊放，一般上午采，下午制。制作工艺并不复杂，分杀青、做形、初烘、复烘等工序。唯独做形过程，手"拉"所需时间稍长，因成形似剑而称"兰剑"。

珩琅翠芽 绿茶

清香持久·鲜醇爽口

干茶　匀整显毫

茶汤　绿亮

叶底　嫩绿完整

新创名茶，属直长形烘青绿茶。于1988年创制。

珩琅翠芽的制作工艺比较简单，每年于清明前后开采，鲜叶分三个级别，特级为一芽一叶初展；一级为一芽一叶；二级为一芽二叶初展。其制法与九山翠芽基本相似，鲜叶经杀青、揉捻、毛烘、足烘而成。

成品茶翠绿显毫，清香持久，分特级、一级和二级共三个等级。

黄山针羽

绿茶

嫩香幽长·滋味鲜醇

特 征

茶形状：挺直匀齐、
　　　　锋苗显毫
茶色泽：嫩绿隐翠
茶汤色：嫩绿明亮
茶香气：嫩香幽长
茶滋味：鲜醇
茶叶底：嫩匀完整
产　地：安徽省祁门县
　　　　仙寓山南麓

安徽省

○合肥

祁门

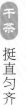

干茶　挺直匀齐

茶汤　嫩绿明亮

叶底　嫩匀完整

　　新创名茶，属尖形烘青绿茶。祁门原以产红茶为主，20世纪90年代国内市场绿茶畅销，因而许多地方进行改制，开始发展绿茶生产。

　　黄山针羽于1991年试制成功。按照尖形烘青绿茶制法，于清明前后采摘一芽一叶到一芽二叶初展之鲜叶，经杀青、理条后，烘焙制成。分特级、一级、二级共三个级别。

　　产品特点是外形条索肥壮挺直，多锋苗，显白毫；内质香高持久，滋味鲜醇，有花香味。

"德信"牌绿仙子

银绿隐翠·嫩香高雅

特 征

茶形状：条索卷曲、
　　　　显毫
茶色泽：银绿隐翠
茶汤色：绿而明亮
茶香气：嫩香高雅
茶滋味：鲜爽
茶叶底：嫩绿明亮
产　地：安徽省金寨县

干茶　条索卷曲

　　新创名茶，属烘青型绿茶。2000年由德
信行（珠海）天然食品有限公司研制开发。
绿仙子茶主产地在齐云山一带，是大别山的
余脉，地处大别山区的西北边缘，与江淮丘
陵相连，林木葱翠，云雾笼罩，成土母质为
泥质页岩和花岗岩，土壤比较肥沃，茶树生
长的自然环境得天独厚。绿仙子茶选用金寨
当地群体品种鲜叶为原料，采摘一芽一叶初
展之芽叶，经杀青、初揉、初烘后，在特制
的水浴锅上进行整形、提毫后焙之足干。

　　绿仙子茶芽叶细嫩，色泽绿翠，嫩香持
久，是绿茶中又一新品。

茶汤　绿而明亮

叶底　嫩绿明亮

绿茶

福安翠绿芽

嫩绿油润 · 茶汤黄绿

 特 征

茶形状：扁平肥壮、
　　　　两头细尖
茶色泽：嫩绿油润
茶汤色：黄绿明亮
茶香气：浓爽
茶滋味：浓醇
茶叶底：嫩绿匀整
产 地：福建省福安县

干茶 扁平肥壮

茶汤 黄绿明亮

新创名茶，属扁形炒青绿茶。福安产茶历史悠久，据光绪十年（1884年）版的《福安县志》载："当时福安遍地植茶，年产超过十万箱。"福安以生产垣洋功夫红茶而负盛名，20世纪90年代为适应市场变化，大量改制绿茶，福安翠绿芽也是其中之一。翠绿芽采摘菜茶品种一芽一叶初展鲜叶为原料，经晾青、杀青、摊凉、整形、理条、干燥等工序制成。

福安翠绿芽香气浓爽，滋味醇厚，冲泡于玻璃杯中，芽尖向上，蒂头下垂悬浮于水面，随后又降落于底部，忽升忽降，起落多次，最后竖立于杯底，妙趣横生。品尝其味，栗香浓烈，滋味醇厚，令人心旷神怡。

叶底 嫩绿匀整

寿山香茗

清香鲜爽·鲜醇回甘

特 征

茶形状：条索细紧、
　　　　弯曲秀丽
茶色泽：深绿油润
茶汤色：黄绿明亮
茶香气：清香鲜爽
茶滋味：鲜醇回甘
茶叶底：嫩绿明亮
产　地：福建省寿宁县

干茶 弯曲秀丽

　　新创名茶，属条形烘青绿茶。寿宁原为垣洋功夫红茶产地，20世纪80年代后为适应外销市场变化改为绿茶生产。寿山香茗于20世纪90年代中期，由寿宁县宝云茶厂研制而成。

　　寿山香茗采摘当地菜茶一芽一叶初展之鲜叶为原料，按照烘青制茶工艺，鲜叶经杀青、揉捻、初烘、炒揉做形、摊凉、复火、拣剔等七道工序加工而成。

　　成品茶外形条索紧秀美观，茶汤黄绿明亮，清香诱人，深受消费者的欢迎。

茶汤 黄绿明亮

叶底 嫩绿明亮

绿茶

栗香玉芽

条索匀整·栗香浓郁

 特 征

茶形状：条索挺直、匀齐显毫
茶色泽：翠绿
茶汤色：嫩绿清澈
茶香气：栗香持久
茶滋味：清鲜
茶叶底：肥壮绿亮
产　地：福建省屏南县

屏南·
福州◎
福建省

 干茶　条索挺直

茶汤　嫩绿清澈

 叶底　肥壮绿亮

　　条形烘青绿茶。20世纪90年代由屏南县鸳鸯溪茶场开发。屏南位于福建省东部，境内有天山山脉跨越全境，茶区一般分布在海拔600～800米之间。产地山高谷深，气候温和，土壤肥沃，生态环境优越。

　　栗香玉芽于每年清明前后采摘福鼎大白茶、福鼎大毫茶等良种茶树一芽一叶至一芽二叶初展嫩芽，经晾青、杀青、初烘、理条（机械作业为主）、复焙、拣剔等工序加工而成。栗香玉芽成品茶外形条索匀整，内质栗香浓郁，冲泡时的展叶先沉浮自如而鲜活，后直立成朵，形体优美。由于品质超群，2000年第二届国际名茶评比中获金奖。

霞浦元宵绿

外形细巧·条紧绿润

特征

茶形状：卷曲紧秀、显毫
茶色泽：银绿隐翠
茶汤色：黄绿明亮
茶香气：清香高雅
茶滋味：鲜醇回甘
茶叶底：嫩黄明亮
产　地：福建省霞浦县

 干茶　卷曲紧秀

新创名茶，属卷曲形烘青绿茶。元宵绿是一品种茶名，因其发芽特早，在正月元宵节就可采茶，故名。霞浦在明代为福宁县，所以又名"福宁元宵绿"。元宵绿采摘一芽一叶至一芽二叶初展之鲜叶为原料，要求芽叶完整。鲜叶采回要经过拣剔，选取完整芽梢，除去单片、鱼叶、花蕾及杂物，薄摊于竹帘上，置室内通风处，散发水分，待叶软时付制，经杀青、揉捻、复火、拣剔、包装等工序加工而成。元宵绿外形细巧，条紧绿润，外形优美，每斤干茶约需 3.5 万个嫩芽构成，并以其香高、味鲜醇而著称，1991年获福建省农业厅"优质茶"称号。

 茶汤　黄绿明亮

 叶底　嫩黄明亮

绿茶

狗牯脑

味醇清爽·略带花香

 特征

茶形状：紧结秀丽、
　　　　茶端微勾、显毫
茶色泽：翠绿
茶汤色：黄绿明亮
茶香气：香气高雅、略带花香
茶滋味：味醇、清爽
茶叶底：黄绿匀整
产　地：江西省遂川汤湖
　　　　乡狗牯脑山
　　　　一带

南昌

江西省

遂川

干茶　茶端微勾

亦称狗牯脑石山茶，属炒青绿茶。相传清嘉庆元年（公元1796年），有一梁姓木排工，流落南京，一年多后，携带茶籽重返家园，在石山一带种茶，即狗牯脑茶，因该山形似狗头故名。狗牯脑山矗立于罗霄山脉南麓支系的群山之中，山中林木苍翠，溪流潺潺，云雾缭绕，冬无严寒，夏无酷暑，土壤肥沃，生态条件优越。狗牯脑茶鲜叶选自当地群体小叶种，清明前后采一芽一叶芽梢，经杀青、初揉、二青、复揉、整形提毫、炒干等工序制成。特级狗牯脑茶冲泡时，芽叶挺直，尖端朝上。

茶汤　黄绿明亮

叶底　黄绿匀整

庐山云雾

长饮益寿·有兰花香

庐山
南昌
江西省

干茶　条索圆直

庐山茶在唐宋时已远近驰名，不少诗人、学者留下涉茶诗文。至明清时庐山茶叶生产已达商品化程度。1949年后，庐山云雾成为中国主要名茶之一。庐山种茶地区海拔都在800米以上，全年有260余天云雾缭绕，山高林密，土壤肥沃，自然环境优越，鲜叶质量高。庐山云雾于每年5月初开采，以一芽一叶初展芽梢为采摘标准，经摊放、杀青、轻揉、理条、整形、提毫、烘干等工序而成。出口茶分特级、一级、二级，内销茶分特一、特二和一至三级。1982年被评为商业部全国名茶，并获国家优质产品银质奖；1988年获中国首届食品博览会金奖。

茶汤　清澈明亮

叶底　嫩绿匀齐

绿茶

上饶白眉

创新茗茶·香高持久

干茶　条索紧直

茶汤　明亮清澈

主产地位于赣东北低山丘陵区，以上饶大面白品种的一芽一二叶芽梢为原料，对鲜叶的要求为"嫩、匀、鲜、净"。经杀青、揉捻、做形、烘干等工序制作而成，分特级、一级、二级三个级别。因上饶白眉茶形似老寿星眉毛，外观雪白，故名。杀青时要求做到高温快速和杀透、杀匀。整个过程要以抖炒为主，抖焖结合，先抖后焖。揉捻时要求初干、轻揉、做条、提毫。提毫时手势轻而均匀，以防白毫脱落。烘干用烘笼进行。严防火温过高，干燥过快。1985年获江西省"创新茗茶"称号。1995年第二届中国农业博览会上评为中国名茶。

叶底　嫩绿匀朵

前岭银毫

清香高爽·味鲜浓醇

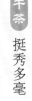

特征

茶形状：挺秀多毫
茶色泽：翠绿匀齐
茶汤色：清澈明亮
茶香气：清香高爽
茶滋味：味鲜浓醇
茶叶底：柔嫩明亮
产　地：江西省南昌市
　　　　南昌县梁家渡
　　　　一带

南昌

江西省

干茶 挺秀多毫

新创名茶，属圆直形半烘炒绿茶。20 世纪 80 年代由江西省蚕茶研究所研制而成。清明起选用福鼎大白茶一芽一叶初展芽梢为原料，经杀青、揉捻、锅炒成形、烘干等工序制成。杀青时锅温约 130℃～150℃，下锅后迅速翻炒，要快翻、高扬、撒开、捞净。全程约 2～3 分钟。揉捻采用双手把式推揉法，要来轻去重，揉至茶汁溢出，初步成条。做条在锅中进行，锅温 70℃～100℃，先高后低。采用搓条和滚压交替进行，使叶条拉直，并达到八九成干时起锅。烘干时用无异味的白纸垫底，温度为 60℃～70℃，文火长烘，适时翻抖。约 30～40 分钟后摊凉，密封存放。

茶汤 清澈明亮

叶底 柔嫩明亮

绿茶

胶南春

清香诱人·独具一格

干茶 紧细卷曲

济南　胶南
山东省

茶汤 嫩绿明亮

胶南春主产于胶南市海青镇一带。胶南地处黄海之滨，受海洋性气候影响，四季分明，雨量充沛，水热资源丰富。茶园多分布在丘陵缓坡地带，土层深厚，生长条件优越。胶南春以采摘一芽一二叶鲜叶为原料，要求匀度一致。制作工艺细腻，鲜叶经摊放、杀青等工序制成。

胶南春茶条索卷曲，清香诱人，品质独具一格。在 2001 年中国茶叶学会第四届"中茶杯"全国名优茶评比中获一等奖，是山东名茶中之新秀。曾获青岛国际农业科技博览会推荐产品，获青岛市第一、第二、第三届优质绿茶评比一等奖、特等奖。

叶底 嫩绿匀整

绿芽春

色绿香郁·味醇形美

特征

茶形状：单芽略扁
茶色泽：浅绿
茶汤色：黄绿明亮
茶香气：嫩香
茶滋味：醇爽
茶叶底：嫩绿明亮
产　地：山东省胶南市

济南
胶南
山东省

干茶 单芽略扁

绿芽春主产于山东省胶南市海青镇。胶南市地处黄海之滨，这里土壤肥沃，雨量适中，生态环境优越，无污染，2001 年被山东省列入无公害茶叶生产示范基地。

绿芽春采嫩梢单芽为原料，经摊放、杀青、理条、干燥、整形等多道工序加工而成。绿芽春，芽头细小，成品茶具"色绿、香郁、味醇、形美"之独特风格，是山东名茶中芽头最为细嫩的产品之一。

2001 年青岛市第二届优质绿茶评比获一等奖；2001 年获第四届"中茶杯"全国名优茶评比"优质茶"称号；2002 年获山东全国名优茶评比"特优茶"称号。

茶汤 黄绿明亮

叶底 嫩绿明亮

绿茶

海青翡翠

呈兰花形·鲜嫩爽口

🍃 特 征

茶形状：呈兰花形
茶色泽：翠绿油润
茶汤色：嫩绿明亮
茶香气：清香
茶滋味：鲜嫩爽口
茶叶底：嫩绿明亮
产　地：山东省胶南市

干茶 翠绿油润

济南　胶南
山东省

茶汤 嫩绿明亮

海青翡翠主产于山东省胶南市胶州湾之海青镇一带。胶南位于黄海之滨，受海洋性气候的影响，春、夏、秋三季早晚云雾缭绕，空气清新湿润，昼夜温差大，土质深厚肥沃，适宜茶树生长。海青翡翠采收一芽一叶或一芽二叶初展鲜叶为原料，采回的鲜叶摊放3～4小时后，方可杀青。杀青锅温160℃左右，投叶0.5千克，采用抖、焖结合的手法，将鲜叶炒至柔软略带黏性，出锅薄摊散热。散热后，在篾制茶筐内初揉，采用双手向前推动，倒转分开、加轻压，历时10～15分钟即可烘焙。初烘温度为90℃～100℃，至含水量30%～40%，出烘整形。整形后再摊凉2～3小时，足火烘干。

叶底 嫩绿明亮

悬泉碧兰

清香浓郁·品质超群

特 征

茶形状：兰花形、
略有毫
茶色泽：翠绿鲜活
茶汤色：嫩绿鲜活
茶香气：清香浓郁
茶滋味：清鲜
茶叶底：黄绿成朵
产　地：山东省胶南市

济南 ● 胶南
山东省

 干茶 翠绿鲜活

　　新创制名茶，属半烘半炒型绿茶。2001年由山东省胶南市铁山悬泉茶厂研制。主产于山东省胶南市铁山镇铁撅山。铁撅山主峰595米，清泉不绝，大旱不涸，林木葱葱，云雾缭绕，气候宜人，适宜于茶树生长。自1967年"南茶北引"成功以来，铁撅山地区现已发展茶园1000多亩，成为胶南重要茶叶生产基地之一。悬泉碧兰茶于每年谷雨前后采一芽一叶或一芽二叶初展的鲜叶为原料，制作分鲜叶摊放、杀青、做形、摊凉、初烘、足烘等工序。悬泉碧兰品质超群，在由中国茶叶学会举办的第四届、第五届"中茶杯"评比中分别获特等奖。

 茶汤 嫩绿鲜活

 叶底 黄绿成朵

绿茶

"河山青"牌
碧绿茶

细紧卷曲·鲜浓醇厚

🍃 特 征

茶形状：细紧卷曲、
　　　　有白毫
茶色泽：绿润
茶汤色：黄绿明亮
茶香气：有栗香
茶滋味：鲜浓醇厚
茶叶底：细嫩匀齐、黄绿
产　地：山东省日照市
　　　　东港区

干茶　细紧卷曲

茶汤　黄绿明亮

叶底　细嫩匀性

　　产于山东日照市东港区内。日照位于山东省东南沿海之滨，受海洋性气候影响，四季分明，雨热同季，光、热、水资源丰富。土壤多为黄、棕沙壤土，pH 值在 5.5 ~ 6.5 之间，适宜茶树生长。特级碧绿茶于 4 月下旬采一芽一叶初展之鲜叶，经摊晾、杀青、搓条、提毫、烘干等 6 道工序制成。鲜叶采回，薄摊 3 ~ 5 小时，进行杀青。杀青锅温为 150℃左右，投叶 200 克，抖炒 5 ~ 6 分钟后，进行搓条。锅温降至 80℃左右，待茶叶稍许成条时，转入提毫。锅温降至 60℃ ~ 65℃，双手拢住茶条做单向搓转，当茶条细紧、白毫显露时出锅摊凉 1 小时左右，然后足火烘干。

绿梅茶

形美香高·风格独特

🍃 特 征

茶形状：条索纤细、
　　　　紧秀如眉、
　　　　显毫
茶色泽：银绿隐翠
茶汤色：嫩绿明亮
茶香气：浓烈芬芳
茶滋味：醇香
茶叶底：黄绿、单芽完整
产　地：山东省汶上县

济南⊙ 山东省

•汶上

干茶 条索纤细

属炒青型绿茶。1994 年由汶上县茶人之家研制。主产于山东省汶上县境内丘陵山地。绿梅茶采用手工与机械相结合的加工方法，经采、拣、晾青、杀青、机揉、炒揉、搓团、整形、焙干等九道工序加工而成。高级绿梅茶在春天的第一批茶芽初展时开始采摘，一般只采单芽。采回后，立即过筛，拣掉碎片、杂质，摊晾至水分失去 10% ～ 20% 时进行杀青。杀青时，每锅投叶量 500 克左右，锅温 160℃ ～ 180℃，7 ～ 8 分钟后起锅转入揉捻，用揉捻机轻揉 10 分钟左右，再入锅中炒揉，揉中带炒，炒中带揉，揉揉炒炒，搓团整形，最后焙干。成品形美、香高、味佳，风格独特。

茶汤 嫩绿明亮

叶底 单芽完整

绿茶

崂山春

栗香浓烈·滋味爽口

 特 征

茶形状：扁平光滑、挺直
茶色泽：绿中透黄
茶汤色：黄绿明亮
茶香气：栗香浓烈
茶滋味：爽口
茶叶底：肥嫩匀整
产　地：山东省青岛市
　　　　崂山区

干茶

扁平光滑

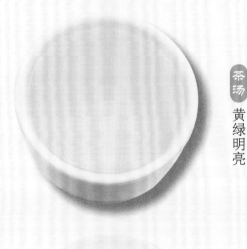

茶汤

黄绿明亮

主产于青岛市崂山山脉。于 4 月下旬至 5 月上旬，采摘一芽一叶初展之鲜叶，经摊青、杀青、回潮、辉炒、干茶筛分等工序加工而成。鲜叶采回后薄摊 3 ~ 5 小时，入锅杀青，锅温 100℃ ~ 120℃，投叶 100 克，先用单手炒 1 分钟，再用双手焖炒，并结合抖炒 4 ~ 5 分钟，待叶质变柔，青气散失，炒至七八成干时起锅。薄摊回潮，40 ~ 60 分钟后再进行辉炒。采用抖、搭相结合手法，炒至茸毛脱落、扁平光滑、折之即断时出锅。出锅干茶经筛分割末，即可上市销售。崂山春自创制以来，由于形美、味浓，深受消费者欢迎，是青岛市主要名优绿茶之一。

叶底

肥嫩匀性

"万里江"牌江雪茶

绿茶

栗香浓郁·鲜嫩爽口

特征

茶形状：全芽针形、略有毫
茶色泽：绿润
茶汤色：嫩绿明亮
茶香气：栗香浓郁
茶滋味：鲜嫩爽口
茶叶底：深绿尚匀
产　地：山东省青岛市崂山区

干茶 全芽针形

茶汤 嫩绿明亮

江雪茶于 20 世纪 90 年代末由山东省青岛市崂山区万里江茶场、青岛市北方茶叶研究所共同创制。主产于山东省青岛市崂山区境内。青岛市地处胶东半岛、黄海之滨，受海洋性气候的影响，四季分明，光、热、水资源丰富，是山东省"南茶北引"最早获得试种成功之点，现已发展茶园万亩以上。江雪茶，以每年 5 月初采摘一芽一叶初展鲜叶为原料，经摊放、杀青、摊凉、理条做形、烘干而成。由于江雪茶芽叶细嫩，加工中在杀青、摊晾后要再次入锅理条做形，动作要轻，保持茶芽挺直，避免芽头断碎，这是制好江雪茶的关键工艺。

叶底 深绿尚匀

绿茶

浮来青

清香诱人·栗香高长

济南◎ 山东省
莒县●

干茶 卷曲细紧

茶汤 黄绿明亮

叶底 嫩绿鲜活

属烘炒型绿茶。1992 年由山东浮来青茶厂研制生产，主产于莒县浮来山。浮来山是国家重点文物保护区，此地生长着树龄在 3000 年以上的"天下第一银杏树"，至今仍枝叶繁茂，硕果累累。浮来青因此得名。浮来青茶采收一芽一叶初展和一芽一叶标准的鲜叶，采取摊凉杀青、揉捻、二青做形、提毫、干燥等七道工序加工而成。其炒制过程最大特点是整个炒制在一口锅中完成，只是不断地变换手法。成品茶的特点：绿、香、浓、净。绿是指干茶色泽翠绿油润，汤色黄绿明亮，叶底嫩绿鲜活；香既是指干茶清香诱人，又指冲泡后栗香高长、醇厚；浓指滋味浓醇干爽；净则是指叶底完整无杂质。

雪青茶

香高味浓·鲜嫩爽口

特 征

茶形状: 条索紧、白毫显露
茶色泽: 翠绿
茶汤色: 绿而明亮
茶香气: 香高持久
茶滋味: 鲜嫩爽口
茶叶底: 细嫩匀整
产　地: 山东省日照市

济南 山东省
日照

干茶 茶条索紧

由日照市东港区上李家庄子茶场研制生产。1974 年冬普降大雪，覆盖整片茶园，翌年春雪融化，茶树一片葱绿，枝叶繁茂，采其新芽加工成茶，品质特别优异，故取名雪青茶。

雪青茶采摘于每年 4 月下旬至 5 月上旬。鲜叶标准为一芽一叶初展。采后鲜叶经摊放、杀青、搓条、提毫、摊凉、烘干等工序加工而成。鲜叶采回后均匀薄摊 3 ~ 5 小时，即可杀青。杀青用电炒锅，锅温 130℃ ~ 140℃，投叶 200 克，单、双手结合，抖炒 5 ~ 6 分钟，即转入搓条。搓条主要起揉紧茶条与显毫作用，大约历时 15 分钟左右，再进行提毫。当白毫初显时，用足火烘干。

茶汤 绿而明亮

叶底 细嫩匀整

绿茶

十八盘银峰

清香高长·滋味嫩鲜

 特 征

茶形状：全芽略扁尚肥壮
茶色泽：嫩绿油润
茶汤色：嫩绿明亮
茶香气：清香高长
茶滋味：嫩鲜爽口
茶叶底：嫩绿匀齐、完整
产　地：河南省固始县
　　　　武庙乡

干茶　嫩绿油润

茶汤　嫩绿明亮

叶底　嫩绿匀齐

　　新创制名茶，属烘青型绿茶类。固始县位于河南省南部，与安徽省六安茶区毗邻，气候属亚热带向暖温带过渡的大陆性季风气候，四季分明，雨量充沛，雨热同季，土壤疏松、肥沃，土层深厚，适宜茶树生长。十八盘银峰于谷雨前后，采摘当地群体品种一芽一叶初展鲜叶为原料，经杀青、做形、烘焙、回潮、复烘等工序加工而成。采回青叶摊放 2 ~ 3 小时之后，即可杀青。杀青锅温在 140℃ ~ 160℃，待叶片柔软时，接着降温至 90℃ 进行做形。用压、抖、甩相结合的方式，使芽叶细紧略扁，达七八成干时出锅摊凉。然后用木炭为燃料进行初次烘焙，达九成干时，回潮 3 ~ 4 小时，再足火烘干。

仰天雪绿

翠绿油润·鲜醇甘厚

特 征

茶形状: 平伏略扁、
挺秀显毫
茶色泽: 翠绿油润
茶汤色: 嫩绿清澈
茶香气: 清香持久
茶滋味: 鲜醇甘厚
茶叶底: 嫩绿鲜活
产 地: 河南省固始县
祖师庙乡
羁马村

干茶 平伏略扁

新创制名茶，属扁形烘青绿茶类。1982年由河南省仰天洼茶场创制。因其产地处在高山深谷，春天仰视山顶可见白雪，而山腰绿色茶芽萌发，故名仰天雪绿。固始位于北亚热带向温带过渡的季风湿润区，小气候特殊，山顶终年云锁雾绕，受漫射光照和昼夜温差的影响，鲜叶中积累的内含成分较多，持嫩性好，自然品质优良。仰天雪绿每年谷雨前5天左右采一芽一叶或一芽二叶初展之鲜叶，经摊青、杀青、做形、烘干等四道工序加工而成。其关键工艺在于做形阶段，吸取龙井与毛尖两类茶的加工特点，采取捞、抖、带、撒、搓、压等手法，使成品茶既有毛尖茶翠绿油润色泽，又具龙井茶之清香。

茶汤 嫩绿清澈

叶底 嫩绿鲜活

信阳毛尖

绿茶

形秀色绿·香高味鲜

特 征

茶形状：细秀匀直、
白毫显露
茶色泽：翠绿
茶汤色：黄绿明亮
茶香气：清香高长、
略有熟板栗香
茶滋味：鲜浓爽
茶叶底：细嫩匀整
产 地：河南省信阳市

干茶　细秀匀直

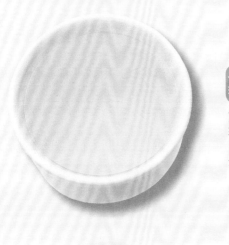

茶汤　黄绿明亮

叶底　细嫩匀整

信阳毛尖是绿茶中之珍品，一直以形秀、色绿、香高、味鲜而闻名。信阳处于北亚热带向暖温带过渡气候区，四季分明，光、热、水资源丰富。茶区以黄棕壤土居多，土层深厚，质地疏松，通气性好，呈微酸性反应。气候和土壤资源十分适宜于茶树生长。信阳特级毛尖茶一般于谷雨前采摘一芽一叶初展鲜叶为原料，经摊晾、生锅、熟锅、初烘、摊凉、复烘、拣剔、再复烘等工序加工而成。分生锅和熟锅两次炒制，是信阳毛尖品质形成的主要阶段。生锅与熟锅并列挨近均呈 30 ～ 40 度倾斜装置。生锅起杀青、初揉作用，熟锅是做条整形，发挥香气、滋味的关键工序。

赛山玉莲

扁秀挺直·色绿清香

特征

茶形状：扁秀挺直、
　　　　白毫满披
茶色泽：嫩绿油润
茶汤色：浅绿明亮
茶香气：嫩香持久
茶滋味：鲜爽
茶叶底：嫩绿匀整
产　地：河南省光山县
　　　　赛山一带

干茶　扁秀挺直

　　由光山县凉亭乡茶叶经济技术开发公司于1986年创制。光山县气候属于亚热带向暖温带过渡地区，兼有亚热带和暖温带的气候特点，夏热多雨，冬季干寒，雨量充沛，适宜茶树生长，现发展茶园1万余公顷。赛山玉莲于清明前后采摘生长壮实、匀整一致的单个芽头为原料，采用杀青、做形、摊放、整形、烘干等加工工序制作而成。

　　赛山玉莲是河南茗苑中的一朵新秀，以优良的品质和独特的风韵备受消费者赞誉。1994年在第三届中国信阳茶叶节中获"金龙杯"奖；1995年在中国茶叶学会首届"中茶杯"全国名优茶评比中获特等奖。

茶汤　浅绿明亮

叶底　嫩绿匀整

宣恩贡羽

茶形圆匀·鲜爽回性

特征

茶形状：条索紧细、圆匀
茶色泽：翠绿
茶汤色：绿明
茶香气：清香
茶滋味：鲜爽回甘
茶叶底：嫩绿匀齐
产　地：湖北省恩施
　　　　和宣恩伍家台
　　　　一带

干茶 条索紧细

茶汤 绿明

叶底 嫩绿匀齐

由宣恩县特产局于 20 世纪 80 年代末期研制成功。伍家台是历史上有名的贡茶产地，清乾隆皇帝曾赐匾"皇恩宠赐"。产地群山环绕，日照充沛，土质肥沃，鲜叶原料品质优良。

宣恩贡羽茶在清明至谷雨前采摘一芽一至二叶初展鲜叶为原料，经杀青、初揉、炒二青、复揉整形、毛火、足火等工序制成。宣恩伍家台地区是中国土壤硒含量较高地区，因此宣恩贡羽茶中硒元素含量也丰，故又名"富硒贡茶"。对克山病、大骨节病、缺血性心脏病及各种癌症等具有防治疗效。

2001 年获中国茶叶学会第四届"中茶杯"全国名优茶评比特等奖。

松峰茶

湖北名茶·清香鲜醇

特征

茶形状：条索紧细、匀整
茶色泽：翠绿
茶汤色：清澈明亮
茶香气：清香高长
茶滋味：鲜醇
茶叶底：嫩绿匀齐
产　地：湖北省蒲圻县
　　　　羊楼洞镇松峰山
　　　　一带

湖北省　武汉
　　　　蒲圻

干茶　条索紧细

　　新创名茶，属烘青绿茶。20世纪80年代由羊楼洞茶场研制成功，因产于羊楼洞镇南侧的松峰山而得名。松峰山原名芙蓉山，地理上属幕阜山余脉之一，雨水充沛，气候温和，土质肥沃，云雾缭绕，鲜叶原料品质优良。采摘原料为一芽二三叶标准鲜叶，经杀青、揉捻、初干、摊晾、足干等工序制成。杀青使用复干机，筒壁温约220℃，时间约6~8分钟，前期焖杀2.5分钟，接着人工抖杀，大量散发水分和青气。揉捻是形成松峰茶紧结条索的关键工序，可采用40型揉捻机，轻压短时，小机冷揉。烘干是形成和固定松峰茶品质的重要环节，分初干和复干两步。分特级、一至五级共六个级别。

茶汤　清澈明亮

叶底　嫩绿匀齐

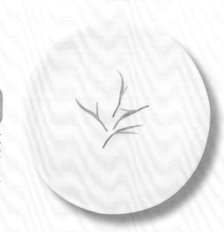

绿茶

武当银针

浓醇鲜爽·高爽持久

 **特 征**

茶形状：条索紧细如针、
　　　　显毫
茶色泽：翠绿
茶汤色：清澈明亮
茶香气：高爽持久
茶滋味：浓醇鲜爽
茶叶底：嫩绿、匀齐成朵
产　地：湖北丹江口市
　　　　武当山一带

干茶 紧细如针

茶汤 清澈明亮

新创名茶，20世纪80年代中期由武当镇八仙观茶叶总场精心研制而成。属烘青绿茶。取当地"磨针井"一景的"铁杵磨针"为寓意而名，又名武当茶、针井茶。主产地武当山气候雨热同季，温暖湿润，翠林环绕，云雾缭绕，相对湿度大，土质深厚，鲜叶原料品质优良。武当针井茶每年清明前后开采，采摘单芽至一芽一叶初展鲜叶为原料，经摊放、杀青、初揉、杀二青、理条、整形、干燥等工序制成。分特级、一级、二级、三级和等外级五个等级。

叶底 匀齐成朵

恩施玉露

绿茶

茸毛如玉·故名玉露

湖北省 ·武汉
·恩施

干茶　紧圆挺直

历史名茶，属传统蒸青绿茶。始于清初，原称"玉绿"，后改名"玉露"。主产地五峰山海拔在 520 ~ 595 米之间，山间谷地平阔，云雾缭绕，气候温和，雨量充沛，良好的生态环境形成优质的鲜叶原料。当地主要品种为恩施地方群体品种"苔子"茶，采一芽一至二叶芽梢，经蒸青、搧凉、炒头毛火、揉捻、铲二毛火、整形上光等工序，精细加工而成，其杀青工序沿用唐代的蒸汽杀青方法。茶叶因叶色翠绿，毫尖茸毛银白如玉，故名"玉露"。出口日本，誉为"松针"，是中国现存的历史名茶中稀有的传统蒸青绿茶。茶叶中含硒量高，在 3 ~ 11mg/kg 之间，1983 年被列入湖北省十大名茶之中。

茶汤　嫩绿明亮

叶底　绿亮匀整

绿茶

五峰银毫

香高味鲜·爽口回甘

 干茶 细秀如眉

特 征

茶形状：条索细秀如眉
茶色泽：绿润鲜活
茶汤色：绿亮清澈
茶香气：栗香高而持久
茶滋味：鲜浓爽口、回甘
茶叶底：嫩绿成朵
产　地：湖北五峰县
　　　　渔洋关一带

湖北省
五峰　●武汉

 茶汤 绿亮清澈

 叶底 嫩绿成朵

由五峰春光茶场研制成功，故又名"春光牌春眉茶"。产地山清水秀，两岸奇峰，土层深厚，土质肥沃，雨量充沛，相对湿度和昼夜温差大，是形成五峰银毫茶香高味鲜的生态条件。在清明前后10天采摘一芽一至二叶初展鲜叶为原料，每公斤成茶有8000～10000个嫩芽。经摊青、杀青、揉捻、毛火、滚炒、辉锅等工序制成。摊放时间约6～8小时，用八方复干机杀青，筒温180℃～200℃，3分钟后降至90℃，再杀青3～4分钟，即取出摊凉转入揉捻。揉捻使用40型揉捻机，先轻揉15～20分钟，揉至基本成形为止。毛火温度先高后低，滚炒和辉锅温度略低。分特、一、二级三个等级。

碧叶青

形似竹叶·鲜醇爽口

湖北省　●武汉
　　　　●蒲圻

干茶　形似竹叶

由羊楼洞茶场创制，因其碧翠显毫、形似竹叶而得名。产地云雾缭绕，林木葱郁，生态条件优良。在清明前后采摘一芽一叶、一芽二叶幼嫩芽梢，经杀青、整形、烘干三个工序制成，杀青时前期焖杀，后期抖杀。整形是形成竹叶形的关键工序。成品茶具色绿、味鲜、形状自然三大特点。

1986 年通过省级鉴定，并在湖北省行业评比中获第一名，连续 5 年获省厅优质证书，1988 年获湖北省优质产品称号，1998 年获全国第二届农业博览会金奖。

茶汤　碧绿清澈

叶底　鲜嫩匀整

龙华春毫

绿茶

清高馥郁 · 醇厚鲜爽

干茶　紧结卷曲

茶汤　浅绿明净

叶底　嫩绿匀亮

　　由龙华茶场于1995年研制成功。产地位于湖南省东南部便江河畔的大明山，海拔260米，属中亚热带气候。茶园四周水绕峰叠，云雾弥漫，土壤肥沃，生态环境十分优越。龙华春毫茶以白毫早、福鼎大白茶、福云6号良种的鲜叶为原料，3月上中旬开采，鲜叶要求嫩、匀、鲜、净，采摘一芽一叶初展、一芽一叶、一芽二叶初展的鲜叶分别加工成特级、一级、二级等系列产品。制作分摊青、杀青、清风、揉捻、做条、整形等工序。创制当年，获湖南省首届"郴茶杯"和第二届"湘茶杯"名茶评比银奖，1996年又获第二届"郴茶杯"和第三届"湘茶杯"名茶评比金奖。

碣滩茶

条索紧细·栗香鲜爽

特 征

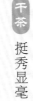

茶形状：条索紧细、
挺秀显毫
茶色泽：绿润
茶汤色：清绿明净
茶香气：栗香高而持久
茶滋味：鲜爽
茶叶底：嫩匀明亮、
芽叶成朵
产　地：湖南省沅陵县

沅陵　长沙
湖南省

干茶 挺秀显毫

于 20 世纪 80 年代沅陵县农业局恢复生产的历史名茶，属条形烘炒绿茶。因产于沅陵县的碣滩而得名。据《辰洲府志》记载："邑中出茶处多，先以碣滩产者为最。"相传公元 684 年，唐睿宗的内宫娘娘胡凤姣受诏回朝，由辰洲泛舟而下，途经碣滩，遇风而止，品尝到碣滩茶，觉得甘醇爽口，便带回朝中，赐文武百官品饮，皆赞不绝口，并列为贡品。以后随着茶文化的交流，碣滩茶还远传日本。碣滩茶以当地群体种一芽一叶初展鲜叶为原料，要求大小一致，色泽一致，无单片叶、病虫叶。鲜叶经摊放、杀青、揉捻、理条、搓条、初干整形和烘焙等工序加工而成。

茶汤 清绿明净

叶底 嫩匀明亮

高桥银峰

汤清茶香·鲜醇回甘

🍃 特 征

茶形状：紧细卷曲匀整、
　　　　银毫显露
茶色泽：翠绿
茶汤色：清亮
茶香气：清香持久
茶滋味：鲜醇回甘
茶叶底：嫩匀明亮
产　地：湖南省长沙市
　　　　高桥

长沙

湖南省

干茶　紧细卷曲

茶汤　清亮

叶底　嫩匀明亮

　　　新创名茶，1959年由湖南省高桥茶叶试验站创制，属条形烘炒绿茶。因产于高桥和茶叶品质特点而得名。高桥银峰采自湘波绿、槠叶齐、尖波黄、白毫早、茗丰等良种茶树，一般在3月下旬采摘，标准为一芽一叶初展鲜叶，芽叶长2.5厘米左右。鲜叶用内衬白纸的小竹篮盛装（避免损伤、红变）。采回鲜叶经杀青、清风、初揉、初干、做条、提毫、摊凉和烘焙八道工序精制而成。高桥银峰具有独特的品质风格，茶芽细嫩，汤清茶香。1978年获湖南省科学大会奖，1981年获湖南省名茶称号，1989年在农业部主办的全国名优茶评选中获名茶称号。

太平奇峰

茶形秀丽·锋苗尖锐

特 征

茶形状：条索紧直、
　　　　白毫显露
茶色泽：尚绿
茶汤色：浅绿黄亮
茶香气：纯正持久
茶滋味：浓厚回甘
茶叶底：嫩绿明净
产　地：湖南省石门县
　　　　太平镇

长沙
湖南省
·石门

干茶 条索紧直

新创名茶，1995 年由石门县太平镇三峰茶场创制，属条形半烘炒绿茶。在茶园管理、茶叶加工及贮运过程中按有机茶的要求进行，使得太平奇峰具有优异的自然品质。太平奇峰以单芽、一芽一叶和一芽二叶初展鲜叶为原料。制作包括鲜叶杀青、初揉、二青、摊凉、复揉、三青、整形做条、提毫和烘干等工序。太平奇峰形似秀丽的山峰，外形条索紧直，匀整秀丽，锋苗尖锐，色泽尚绿，白毫显露，干闻具有独特的高山茶香。内质汤色浅绿黄亮，香气纯正持久，滋味浓厚回甘，叶底嫩绿明净。连续冲泡 4 次仍鲜爽可口，茶汤不起茶锈，长久放置不失鲜绿色泽。

茶汤 浅绿黄亮

叶底 嫩绿明净

绿茶

野草王

香气纯正·滋味醇和

 特 征

茶形状：紧实挺秀、
　　　　白毫显露
茶色泽：翠绿
茶汤色：浅绿明亮
茶香气：纯正
茶滋味：醇和
茶叶底：肥嫩明亮
产　地：湖南省桃源县
　　　　茶庵铺镇

 干茶 紧实挺秀

 茶汤 浅绿明亮

 叶底 肥嫩明亮

　　新创名茶，属绿茶。创制于 20 世纪 90 年代。桃源县地处湖南省北部，位于洞庭湖西端，海拔 40 ~ 1064 米，年平均气温 16.5℃，年降雨量 1447.9 毫米。这里气候温暖，夏无酷暑，冬无严寒，土壤肥沃深厚，适宜茶树生长。

　　野草王茶于清明前采摘当地群体种单芽和一芽一叶初展鲜叶为原料，经杀青、做形、提毫、干燥等工序精心制作而成。野草王茶在冲泡中能呈现芽头"三起三落"，而后茶芽竖立杯中，如雨后春笋，具有很强的观赏价值。1998 年获湖南省名优茶"金牌杯"金奖。

狗脑贡茶

清香持久·茶味醇厚

长沙

湖南省

资兴

干茶 细紧卷曲

属条形烘炒绿茶。创制于20世纪90年代。资兴市是一个以丘陵山地为主的湘南产茶区。优越的自然生态环境，得天独厚的山区气候条件，孕育了狗脑贡茶的良好品质。狗脑贡茶采自当地群体品种茶树，以一芽二叶初展鲜叶为原料，经摊放、杀青、揉捻、二青、做形、提毫和烘干等工序精制而成。1995年获第二届"湘茶杯"金奖、全国新技术新产品交易会金奖，1998年获湖南省名优茶"金牌杯"金奖，1999年获湖南省首届农博会金奖，2000年获中国杭州第二届国际茶博会银奖，2001年在中国茶叶学会第四届"中茶杯"全国名优茶评比中获"优质茶"称号。

茶汤 黄绿明亮

叶底 细嫩黄绿

绿茶

兰岭毛尖

嫩香持久·醇爽回甘

 特 征

茶形状：条索紧直匀整、
　　　　披毫隐翠
茶色泽：翠绿
茶汤色：黄绿明亮
茶香气：嫩香持久
茶滋味：醇爽回甘
茶叶底：嫩绿鲜亮
产　地：湖南湘阴县
　　　　境内

干茶　披毫隐翠

茶汤　黄绿明亮

叶底　嫩绿鲜亮

　　新创名茶，由湘阴县兰岭茶厂于1993年创制，属烘青绿茶。产地湘阴位于湖南省北部，洞庭湖南岸，地处幕阜山余脉，属中亚热带向北亚热带过渡的湿润气候区，四季分明，湿润多雨。茶园多分布在第四纪红壤岗地上。土层深厚，适宜于茶树生长。茶树品种主要有福鼎大毫茶、福云6号、湘波绿、湘妃茶等适制绿茶的无性系良种。采用无公害茶生产技术，茶叶无污染。

　　兰岭毛尖茶3月初开采，采摘一芽一叶初展、芽叶长度2.0～2.6厘米之鲜叶为原料，要求鲜叶嫩、匀、鲜、净。制作工序分为摊放、杀青、清风、揉捻、做条、理条、提毫和烘焙等。

"雄鸥"牌特级蒸青绿茶

绿茶

绿润起霜
清纯持久

特 征

茶形状：紧秀匀整、
　　　　圆浑秀长
茶色泽：绿润起霜
茶汤色：黄绿清亮
茶香气：清纯持久、具栗香
茶滋味：醇厚爽口
茶叶底：嫩绿柔软
产　地：广东省湛江市

广东省

广州

湛江

干茶 圆浑秀长

　　主产地在湛江市徐闻县、雷州半岛东南端的海鸥和勇士两个国营茶场。新创名茶，属蒸青绿茶。1992年由广东省海鸥农场研制，是一种机械化生产的大叶蒸青绿茶。

　　"雄鸥"牌蒸青绿茶采自云南大叶种、广东水仙和海南大叶种等三个品种茶树之新梢，特级茶以一芽二叶初展鲜叶为原料，经摊放、蒸汽杀青、脱水、揉捻、干燥、车色等蒸青茶加工工艺制成。由于是蒸汽杀青，有利于茶多酚类物质的降解，大大减少了成茶的苦涩味。成品茶条索紧秀匀整，汤色黄绿清亮，栗香浓烈。

茶汤 黄绿清亮

叶底 嫩绿柔软

乐昌白毛茶

绿茶

微有白毛·其味清凉

特征

茶形状：条索紧结圆浑、稍弯曲、显毫
茶色泽：绿润
茶汤色：黄绿明亮
茶香气：高长
茶滋味：醇爽
茶叶底：嫩绿匀亮
产　地：广东省乐昌县九峰山一带

干茶 紧结圆浑

茶汤 黄绿明亮

叶底 嫩绿匀亮

历史名茶，是广东省一品种茶名。始于清代。

乐昌白毛茶，采用当地白毫茶品种茶树，采一芽一叶初展之芽叶，要求原料纯净、匀齐、新鲜，并按条形烘青制法经摊青、杀青、揉捻、初干、整形提毫、烘干等六大工序制成。乐昌白毛茶形美味佳，品质超群，在历次名茶评比中成绩突出。1992年广东省首届全国名优茶评比中获广东省"名优茶"称号，同年又获全国第一届中国农博会金奖；1994年在中国茶叶学会举办的第一届"中茶杯"全国名茶评比中获二等奖；1995年获第二届中国农博会银质奖。

"棋盘石"牌西山茶

绿茶

翠绿油润·幽香持久

特征

茶形状：条索细紧、
　　　　呈龙卷状
茶色泽：翠绿油润
茶汤色：碧绿清澈
茶香气：幽香持久
茶滋味：鲜爽甘醇
茶叶底：嫩绿明亮
产　地：广西桂平县
　　　　西山一带

广西
●南宁 ●桂平

干茶 条索细紧

茶汤 碧绿清澈

历史名茶，属烘炒型绿茶类。创制于明代。据考证，桂平西山的茶树为唐代高僧李明远从江南引进的小叶种，植于西山棋盘石旁，当地至今仍把棋盘石旁两株老茶树称"西山茶始祖"，并以棋盘石西山茶作为商标。西山茶的采制分采摘、摊青、杀青、炒揉、炒条、烘焙、复烘等七道工序。加工的过程中最大特点是揉捻工序在锅中进行，采用搓揉方式，边炒边揉，至条索细紧时，转入炒条定型，采用滚撩与翻炒相结合手法，使条索进一步紧结。整个过程，动作轻巧。因此成品茶卷曲细紧，锋苗显露。

叶底 嫩绿明亮

凌云白毛茶

芽头肥壮·银灰透翠

 特 征

茶形状：条索壮实硕大、
　　　　满披茸毛
茶色泽：银灰透翠
茶汤色：碧绿清澈
茶香气：清高持久
茶滋味：浓厚鲜爽
茶叶底：嫩绿明亮
产　地：广西凌云县

干茶 壮实硕大

茶汤 碧绿清澈

历史名茶，属条形烘青绿茶，是一品种茶名，因白毛茶主产凌云县，故定名为凌云白毛茶，但目前产地也扩及乐业县。于清乾隆年间就有白毛茶的生产。凌云白毛茶采自白毛茶品种茶树之鲜叶，特级白毛茶的标准是一芽含苞或一芽一叶初展。成茶经摊青、杀青、揉捻、干燥、复香等六道工序加工而成。因白毛茶条索粗壮，在初制过程中，很难达到足干程度，稍加存放，就会吸潮，所以在包装出厂前，增加复香工序，其目的在于使茶进一步干透，除去清杂气味，散发茶香，这是保证产品质量的重要一环。

叶底 嫩绿明亮

桂林银针

清香持久·回味醇鲜

干茶　形似银针

新创制名茶，属针状烘炒型绿茶类。于20世纪80年代由桂林茶科所创制。桂林市气候温和，盛夏无酷暑，严冬少霜雪，自然环境优越，适宜于茶树生长。

银针茶采自福鼎大白茶、凌云白毛茶、福云6号、云南大叶种等多毫品种的单芽或一芽一叶初展之鲜叶，经摊放、杀青、摊凉、初干与做条、摊凉、再干与提毫、足火烘焙等工序加工而成。

桂林银针，条索细紧，白毫显露，色泽翠绿，独具风格，1990年被广西自治区授予"优质食品"称号；1991年产品参加杭州首届国际茶博览会，荣获优秀产品奖。

茶汤　清澈明亮

叶底　绿亮匀齐

绿茶

桂林毛尖

香高持久 · 醇厚甘腴

特征

茶形状：条索挺秀紧细
茶色泽：翠绿、白毫显露
茶汤色：清澈明亮
茶香气：香高持久
茶滋味：醇厚甘腴
茶叶底：嫩绿明亮
产　地：广西桂林市
　　　　尧山一带

干茶　条索紧细

茶汤　清澈明亮

叶底　嫩绿明亮

由桂林市茶叶研究所创制。广西桂林茶叶研究所位于桂林市尧山脚下，风景怡人，属丘陵山区，气候温和，春茶期间云雾缭绕，十分有利于茶树生长。

桂林毛尖选用福鼎大毫、福鼎大白茶、福云6号、福云7号、凌云白毛茶等国家级良种，于清明前后采摘一芽一叶初展之鲜叶为原料，经摊放、杀青、揉捻等6道工序加工而成。

产品色泽翠绿，白毫显露，条索紧细，香高味醇爽口，在1985年和1989年两次获农业部优质产品奖；1993年在泰国曼谷举办的"中国优质农产品及科技成果设备展览会"上荣获金奖。

"将军峰"牌银杉茶

绿茶

绿润清香·鲜醇持久

🍃 特征

茶形状：	匀直扁平、显毫
茶色泽：	绿润
茶汤色：	清澈明亮
茶香气：	清香
茶滋味：	鲜醇
茶叶底：	嫩绿
产　地：	广西昭平县
	将军峰茶厂

昭平●

广西

●南宁

干茶　匀直扁平

新创名茶，属炒青型绿茶类。1995年由广西昭平将军峰茶厂创制。昭平位于广西东部，与湖南、广东相邻。境内桂江、思勤江贯穿全县，会合后流入浔江，成为广西重要水系之一。银杉茶，采摘当地中叶群体种茶树芽一鲜叶为原料，经摊放、青锅、辉锅和干燥等四个工序制成。青锅以杀青为主，采用抖带甩搭、捺等手法（与龙井相似），约六七成干起锅摊凉。辉锅，主要采用抖捺拉推扣抓、磨等手法交替进行，达含水量9%左右时起锅。干燥，在烘干机中进行，目的是提香，含水量6%时下烘收藏。

茶汤　清澈明亮

叶底　嫩绿

绿茶

"高骏"牌银毫茶

茶色绿翠·鲜醇甘爽

特 征

茶形状：条索紧细圆直、白毫显露
茶色泽：翠绿
茶汤色：嫩绿明亮
茶香气：嫩香
茶滋味：鲜醇甘爽
茶叶底：嫩绿匀整
产　地：广西灵山县军营峒茶厂

广西
南宁 · 灵山

干茶 紧细圆直

茶汤 嫩绿明亮

叶底 嫩绿匀整

新创名茶，属烘青型绿茶。20世纪90年代由灵山县军营峒茶厂创制。灵山地处广西东南部，属南亚热带气候，年平均降雨量1500毫米，年平均温度21.5℃，全年基本无霜。军营峒茶厂坐落在灵山县东大门石塘镇附近，这里青山环绕，山间云雾缭绕，山涧常年长流，山泉清澈碧绿，十分适于茶树生长。

银毫茶以当地群体品种茶树一芽一叶初展之鲜叶为原料，经摊放、杀青、揉捻、理条整形、烘干等工序制成。成品茶条索细紧挺直，显毫，香高持久，汤色清绿明亮，滋味鲜醇。2000年秋，在广西壮族自治区钦州市全国名优茶评比中荣获全市第一名。

金秀白牛茶

香高持久·茶味甘醇

🍃 特 征

茶形状：条索壮实、微弯
茶色泽：翠绿、显白毫
茶汤色：黄绿明亮
茶香气：香高持久
茶滋味：甘醇
茶叶底：黄绿明亮
产　地：广西壮族自治区
　　　　金秀瑶族自治县
　　　　罗香乡白牛村

干茶 翠绿显毫

广西地方名茶，属炒青型绿茶类。白牛茶为小乔木茶树，树高1～2米，原产大瑶山原始森林中，当地村民挖取野生茶苗种于村寨。每年春季采摘一芽一二叶鲜叶，采用炒青制法，经三炒三揉，最后在锅中焙干。白牛茶在市场上很少出售，村民一般作自备用茶，每年采制的谷雨茶都精心保存，常吊挂在烟燃处，保存30年以上的陈茶多作药用，对治疗痢疾、肺气管病和胃病较有疗效。当地村民鉴别白牛茶的方法颇为特殊，常把制好的茶叶和铜钱吊在一起，放入口中咀嚼，以嚼碎铜钱的程度，判别其真假及品质之优劣。

茶汤 黄绿明亮

叶底 黄绿明亮

绿茶

竹叶青

清香扑鼻·回味甘醇

茶形状：扁平光滑、
　　　　挺直秀丽
茶色泽：嫩绿油润
茶汤色：嫩绿明亮
茶香气：清香馥郁
茶滋味：鲜嫩醇爽
茶叶底：嫩黄明亮
产　地：四川省峨眉山市
　　　　及周边地区

四川省
●成都
峨眉山●

干茶 扁平光滑

茶汤 嫩绿明亮

叶底 嫩黄明亮

　　创制于1964年，属扁形炒青绿茶。当年，陈毅元帅到峨眉山视察，在峨眉山万年寺品尝此茶时，顿觉清香扑鼻，回味甘醇，赞不绝口，并问僧人："此为何茶？"当得知此茶尚无定名时，陈毅元帅不经意地说道："多像嫩竹叶啊，就叫竹叶青吧！"从此，竹叶青名声远扬，茶园面积不断扩大，产量不断增加。产地气候温和，土壤深厚，质地疏松，有机质含量高，雨量充沛，终日云雾弥漫，有利于茶叶优良品质的形成。竹叶青茶以福鼎大白茶的单芽和一芽一叶初展鲜叶为主要原料，经鲜叶摊放、杀青、做形、摊凉、分筛、辉锅等工艺精制而成。

峨眉山峨蕊

清香馥郁 · 浓醇甘爽

🍃 特 征

茶形状：紧细卷曲、显毫
茶色泽：嫩绿油润
茶汤色：黄绿明亮
茶香气：清香馥郁
茶滋味：浓醇甘爽
茶叶底：嫩绿明亮
产　地：四川峨眉山净水寺、
　　　　黑水寺及普兴、
　　　　符纹一带

干茶　紧细卷曲

创制于 1959 年，属卷曲形烘青绿茶。传说，古时峨眉山有一个采药人，无意间发现一片茶林，又听见鸟儿尖声啼叫："峨蕊出世……"他一惊，低头看见一捆沾满露水的茶苗。于是，采药人将茶苗带回栽于峨眉山中，精心培植，并将制作的茶叶称为"峨蕊"。从此，峨蕊茶世代相传，后来，在创制新茶时，就沿用"峨蕊"这个茶名。最初用四川中小叶群体种鲜叶为原料，后来改用福鼎大白茶、福选 9 号、福选 12 号等无性系良种。采摘单芽和一芽一叶初展之鲜叶，经摊青、杀青、做形、烘干等工艺流程精心制成。峨蕊茶从 1983 年起连续三年被四川省农牧厅评为优质名茶。

茶汤　黄绿明亮

叶底　嫩绿明亮

蒙山银峰

馥郁高长·鲜醇回甘

特 征

茶形状：紧结有锋苗、
　　　　显毫
茶色泽：绿润
茶汤色：黄绿明亮
茶香气：馥郁高长
茶滋味：鲜醇回甘
茶叶底：嫩绿明亮
产　地：四川省名山县
　　　　中锋乡牛碾砰
　　　　等地

干茶　紧结显毫

茶汤　黄绿明亮

新创名茶，属烘青绿茶。于 20 世纪 90 年代创制。产地海拔 760 米，雨量充沛，气候温和，茶园土壤为冲积黄壤，茶园四周林木葱郁，云雾缭绕，茶树生长环境优越，自然品质良好。

蒙山银峰以福鼎大白茶品种一芽一叶初展鲜叶为原料，经杀青、摊凉、做形、烘干等工序精心制作而成。

叶底　嫩绿明亮

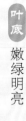

碧翠竹绿

色泽绿润·茶带清香

 特 征

茶形状：挺直光滑、
　　　　略显白毫
茶色泽：绿润
茶汤色：绿亮
茶香气：清香
茶滋味：清爽
茶叶底：肥嫩柔软
产　地：四川省北川县
　　　　曲山镇

北川·　·成都
四川省

干茶 挺直光滑

新创名茶，属炒青绿茶。于20世纪90年代创制。以北川苔子茶品种的单芽和一芽一叶初展鲜叶为原料，鲜叶经杀青、做形、辉锅等工序精制而成。1997年获中国茶叶学会第二届"中茶杯"全国名优茶评比二等奖。

茶汤 绿亮

叶底 肥嫩柔软

绿茶

广元秀茗

色绿汤清 · 品质超群

干茶　紧细圆直

茶汤　绿亮

叶底　嫩黄匀整

　　新创名茶，属绿茶。于20世纪90年代由四川广元生态茶业有限公司与西南农业大学食品科学院联合研制。广元的茶树均分布在800～1100米之间的山坡地段。这里地势开阔，森林覆盖率高，环境无污染，对绿茶自然品质起着决定性的作用。广元秀茗采用当地群体品种茶树，于每年早春3月中旬前采摘，以单芽为原料，经摊放、杀青、做形、干燥和提香等工艺流程精心加工而成。广元秀茗由于产品外形条索紧细圆直，色绿汤清，并具高山茶风格，品质超群，在2001年第四届"中茶杯"全国名优茶评比中荣获一等奖。

桃源毛峰 绿茶

清香高长·滋味鲜醇

旺苍
●成都
四川省

干茶　挺直略扁

新创名茶，属扁形炒青绿茶。20世纪90年代由四川省广元市旺苍县桃源茶业有限公司创制。旺苍位于四川省北部，嘉陵江上游，是一个山区县。这里森林茂密，气候温和，日照短，云雾多，昼夜温差大，有利于茶叶中有机物的积累。茶园位于米仓山南麓的丘陵地段，一般海拔在千米左右，生态条件优越。

桃源毛峰以当地群体品种茶树一芽二叶和一芽三叶初展鲜叶为原料，采用名茶加工机械制作。2001年获中国茶叶学会第四届"中茶杯"全国名优茶评比一等奖。

茶汤　嫩绿明亮

叶底　绿尚亮

岷山雀舌

绿茶

翠绿油润·清香高长

🍃 **特 征**

茶形状：条索紧细略卷曲
茶色泽：翠绿油润
茶汤色：黄绿明亮
茶香气：清香高长
茶滋味：鲜醇
茶叶底：黄绿明亮
产　地：四川省青川县
　　　　蒿溪乡

干茶 条索紧细

茶汤 黄绿明亮

叶底 黄绿明亮

新创名茶，属条形烘青绿茶。20世纪90年代创制。青川位于四川省北部，嘉陵江上游，是四川省一个山区县。当地山清水秀，气候温和，森林覆盖率高，自然环境优越，适宜茶树生长。岷山雀舌，采自当地群体品种茶树，以一芽一叶和一芽二叶初展鲜叶为原料，经摊放、杀青、造型和干燥等工艺精制而成。

2001年获四川省广元市第二届"广茗杯"全国名优茶评比一等奖和中国茶叶学会第四届"中茶杯"全国名优茶评比二等奖。

白龙雪芽

绿润隐毫·汤清明亮

干茶　紧细卷曲

新创名茶，属卷曲形烘青绿茶。20世纪90年代由向阳茶场研制。青川位于四川省北部，嘉陵江上游，是一个山区县。当地山高林密，森林覆盖率高，昼夜温差大，有利于茶叶中有机物质的积累，自然品质优良。茶园均分布于县北部海拔1000～1500米的向阳高山上，不施化肥，不使用农药，茶叶无任何污染，是纯天然饮品。

白龙雪芽采摘当地群体品种茶树之一芽一叶和一芽二叶初展鲜叶为原料，经摊放、杀青、造型和干燥等工艺精制而成，产品外形紧细卷曲，绿润隐毫，汤清明亮。1999年获四川省第五届"甘露杯"金奖。

茶汤　黄绿尚亮

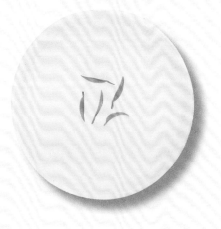

叶底　黄绿尚亮

绿茶

都匀毛尖

茶味鲜浓·回味甘甜

 特 征

茶形状：条索卷曲、匀整显毫
茶色泽：绿润
茶汤色：清澈明亮
茶香气：清香
茶滋味：鲜浓、回味甘甜
茶叶底：肥壮明亮
产　地：贵州省都匀市团山一带

干茶 匀整显毫

茶汤 清澈明亮

叶底 肥壮明亮

历史名茶，创制于明清年间，1968 年恢复生产，属卷曲形烘青绿茶。选用芽叶茸毛多、芽细长、叶质肥厚柔软的中叶种鲜叶为原料。一般在清明前后开采，谷雨前后结束。采摘标准为一芽一叶初展，芽叶长度不超过 2 厘米，形如雀舌。制作包括鲜叶摊放、杀青、揉捻、做形提毫和烘干等工艺流程。成茶含氨基酸 2.3%，多酚类 27.8%，水浸出物 41.4%。1920 年在巴拿马赛会曾获优质奖；1982 年在长沙举行的全国名茶评比会上获"全国十大名茶"称号；1988 年在全国首届食品博览会上获金奖。

东坡毛尖

条索紧细·茶味鲜爽

特 征

茶形状：条索紧细、
卷曲成螺
茶色泽：绿润
茶汤色：翠绿明亮
茶香气：鲜爽
茶滋味：鲜醇爽口、
回味甘甜
茶叶底：嫩绿、肥软明亮
产 地：贵州省黄平县
东坡茶场

贵州省

贵阳● ●黄平

干茶 卷曲成螺

新创名茶，于1978年试制成功，属卷曲形炒青绿茶。产地位于国家级风景区、贵州省著名的飞云崖附近，林多树密，植被好，土层深厚，土壤肥沃，气候温和，雨量充沛，自然生态环境极其优越，有利于形成优良的茶叶品质。东坡毛尖以贵州省优良的中小叶类型品种石阡苔茶鲜叶为原料，于每年春分前后一周开采，采摘标准为一芽一叶初展，芽叶长度为 2.0 ~ 2.3 厘米，每千克干茶有 3.6 万 ~ 4.0 万个芽头。制作工艺流程为摊放、杀青、揉捻、搓团提毫和文火干燥。成茶氨基酸含量高达 3.7%，茶多酚 25.7%，酚氨比值 6.9，茶味鲜爽，品质优良。

茶汤 翠绿明亮

叶底 肥软明亮

绿茶

雀舌报春

醇厚鲜爽·带板栗香

特 征

茶形状：扁平光滑、
　　　　匀整隐毫
茶色泽：翠绿油润
茶汤色：碧绿清澈
茶香气：板栗香高而持久
茶滋味：醇厚鲜爽
茶叶底：嫩绿匀齐
产　地：贵州省罗甸县
　　　　果茶场

干茶 扁平光滑

茶汤 碧绿清澈

新创名茶，始于 20 世纪 90 年代初，属扁形炒青绿茶。产地位于黔南山区蒙江河畔海拔 800 米左右的山地，茶园土壤属黄壤，酸度适宜，土层深厚，质地疏松，透水性好，有机质含量丰富。茶园四周森林茂密，植被覆盖率在 40% 以上，大气、水质、土壤无污染，为雀舌报春的优良品质形成创造了优越的自然环境条件。雀舌报春以福鼎大白茶品种鲜叶为原料，3 月初开采，一芽一叶初展鲜叶加工极品茶，一芽一叶加工特级茶。要求原料大小匀齐，芽叶完整，芽叶长度 2.0 ~ 2.5 厘米。制作包括鲜叶摊放、杀青、摊凉和辉锅等工序。

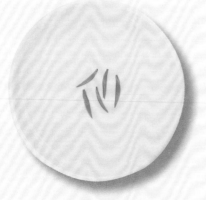

叶底 嫩绿匀齐

春秋毛尖 绿茶

翠绿油润·嫩香持久

特 征

茶形状：细紧卷曲匀整、
　　　　白毫显露
茶色泽：翠绿油润
茶汤色：嫩绿清澈
茶香气：嫩香持久
茶滋味：浓爽
茶叶底：嫩绿鲜活
产　地：贵州省贵阳市

贵州省
●贵阳

干茶　卷曲匀整

　　新创名茶，属卷曲形烘青绿茶。1995 年
由贵阳春秋实业有限公司研制。主产地是该
公司的罗甸果茶场，位于黔南山区蒙江河畔。
茶园土壤为酸性黄壤，深厚而肥沃。茶园周
边森林覆盖率在 40% 以上，生态环境优越。
得天独厚的自然条件，造就了春秋毛尖茶的
优良品质。春秋毛尖以福鼎大白茶为原料，
采摘一芽一叶之鲜叶，经摊放、杀青、揉捻、
毛火、造型、提毫、烘干等工序制成。其所
有工序都用小型名茶加工机械完成。春秋两
季采摘，不采夏茶，因而产品色泽翠绿油润，
滋味浓醇爽口，颇受消费者的青睐。

茶汤　嫩绿清澈

叶底　嫩绿鲜活

绿茶 **"乌蒙"牌**
乌蒙剑茶 香气高锐·鲜爽甘醇

干茶 扁平光直

🍃 特 征

茶形状：扁平光直、显毫
茶色泽：绿润
茶汤色：黄绿明亮
茶香气：高锐持久
茶滋味：鲜爽甘醇
茶叶底：嫩绿明亮
产　地：贵州省
　　　　六盘水市

茶汤 黄绿明亮

叶底 嫩绿明亮

　　新创名茶，属扁形绿茶。20世纪90年代由六盘水六枝特区茶叶开发公司研制而成。六盘水市地处贵州省西郊北盘江上游，茶园均处在群山环抱之中，自然环境优越。

　　乌蒙剑茶采自当地福鼎白毫良种茶树一芽一叶初展之芽叶，经青锅、摊凉、辉锅等工序制成。青锅杀青以轻压、理条为主，至五成干左右起锅摊凉。辉锅采用龙井茶的搭、捺、压等手法炒制，至条索扁、平、光直，足干时起锅过筛，割末收藏。

　　乌蒙剑茶外形扁平光直，内质香气高锐，滋味鲜爽甘醇，深受消费者的欢迎。

贵定雪芽 绿茶

嫩香持久·醇爽回甘

🍃 特征

茶形状：细嫩如螺、
　　　　银毫显露
茶色泽：翠绿
茶汤色：碧绿清澈
茶香气：嫩香持久
茶滋味：醇爽回甘
茶叶底：嫩绿匀亮
产　地：贵州省贵定县
　　　　云雾湖茶场

贵州省

贵阳● ●贵定

干茶 细嫩如螺

　　新创名茶，属炒青型绿茶类。1987年由贵定县云雾湖茶场试制，1989年投入批量生产。贵定雪芽茶主产于苗岭山脉中段云雾山麓海拔800～1400米的山坡、谷地。

　　贵定雪芽于每年清明前后开采，原料要求因级别不同而异。特级：采一芽一叶初展；一级：采一芽二叶初展。芽叶长短、大小基本一致，无病虫、紫色及残缺芽叶。鲜叶经拣剔后薄摊于簸箕内2～4小时付制。经杀青、揉捻、整形、提毫、焙干而成。每500克特级雪芽干茶约由3万个芽头组成。

茶汤 碧绿清澈

叶底 嫩绿匀亮

绿茶

遵义毛峰

碧绿色泽 · 满披白毫

干茶 紧细圆直

茶汤 黄绿明亮

新创名茶，属绿茶类。1974 年由贵州省茶叶研究所为纪念举世闻名的遵义会议而创制。遵义毛峰茶以福鼎茶树良种一芽一叶鲜叶为原料，在拣剔后经杀青、揉捻、抖撒失水、搓条造形（理直、裹紧、搓圆）、提毫、足干等工序制成。搓条造形是形成遵义毛峰独特外形的关键工艺。在锅中做形炒干，既要形成针状的外部形态，又要保持碧绿色泽和密集的银毫，炒制技术确是难能可贵。

遵义毛峰品质优良，产品在 1994 年首届农博会上获得金奖。遵义毛峰的创制在 1995 年荣获贵州省科技进步三等奖。

叶底 嫩绿

"金福"牌富硒银剑茶

绿茶

绿润明亮
香气纯正

贵州省

六盘水　贵阳

干茶 白毫显露

新创名茶，于 20 世纪 90 年代试制成功。属绿茶。采用手工制作，加工工艺分鲜叶摊放、杀青、二青整形、回潮和干燥。此茶硒含量约 2mg/kg，常饮对补充人体所需的硒元素具有一定的作用，在缺硒地区效果更为明显。

茶汤 绿亮

叶底 肥嫩显芽

绿茶

水城春——凤羽

黄绿明亮·茶味浓厚

 特 征

茶形状：扁形光滑挺直
茶色泽：尚嫩绿
茶汤色：黄绿明亮
茶香气：纯正
茶滋味：浓厚
茶叶底：绿亮尚匀
产　地：贵州省
　　　　水城县境内

 干茶 光滑挺直

贵州省
水城　贵阳

 **茶汤** 黄绿明亮

　　新创名茶，属扁形炒青绿茶。于20世纪90年代由水城县茶叶发展公司研制开发。水城春系采摘中叶品种单芽鲜叶为原料，经摊放、青锅、二青做形、摊凉回潮、辉锅而成。

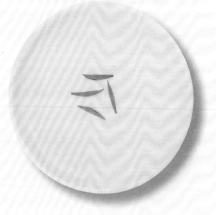

叶底 绿亮尚匀

"侗乡春"牌翠针茶

绿茶

嫩绿清香·滋味醇正

贵州省

贵阳●

黎平

干茶 紧结细秀

　　新创名茶，属绿茶。20 世纪 90 年代试制成功。以龙井 43 鲜叶为原料，采摘单芽和一芽一叶初展之鲜叶，经鲜叶摊放、杀青、揉捻、二青做形、辉干而成。

茶汤 嫩绿

叶底 嫩绿明亮

绿茶

摩崖银毫

卷曲显毫·具兰花香

🍃 特 征

茶形状：条细卷曲显毫
茶色泽：绿润
茶汤色：清澈绿亮
茶香气：兰花香
茶滋味：鲜爽回甘
茶叶底：嫩匀
产　地：云南省
　　　　盐津县境内

干茶 条细卷曲

盐津

昆明

云南省

茶汤 清澈绿亮

新创名茶，属烘青绿茶。于 2000 年由盐津县平头山茶场研制开发。

摩崖银毫采用当地昭通小叶群体品种茶树，于 3 月初采一芽一叶初展之鲜叶为原料，要求芽叶完整，采回鲜叶立即拣剔，去除虫叶、单片、鱼叶、花蕾及杂物，薄摊放竹帘上，至室内通风处散发水分，待叶色转暗变软时付制，经杀青、初揉做形、毛火、足火拣剔、提香等工序加工而成。成品茶卷曲显毫，色泽绿润，并具兰花香。2001 年在中国茶叶学会举办的第四届"中茶杯"全国名优茶评比中名列绿茶第二名，从而名声大振。

叶底 嫩匀

雪兰毫峰

银毫显露·嫩香持久

特征

茶形状：条索圆直、
　　　　紧秀显毫
茶色泽：翠绿
茶汤色：清澈绿亮
茶香气：嫩香持久
茶滋味：鲜爽回甘
茶叶底：肥嫩柔软
产　地：云南省保山市
　　　　昌宁县境内

干茶　圆直紧秀

创新名茶，属烘青绿茶。于20世纪90年代初由昌宁县翁堵乡翁堵雪兰茶厂创制。昌宁地处澜沧江上游，当地茶树都植于高山峡谷之中，冬无严寒，夏无酷暑，晴天多露水，雨天多云雾，土壤肥沃，呈微酸性反应，是云南大叶种茶最适宜生长的地区。

雪兰毫峰选用云南勐库大叶种和云抗系列良种，采摘一芽一叶初展之鲜叶，经摊放、杀青、初揉、复揉、毛火、足火、拣剔等工序制成。成品茶条索匀整，银毫显露，汤色嫩绿，嫩香持久，是大叶种绿茶中珍品。

茶汤　清澈明亮

叶底　肥嫩柔软

龙山云毫

香高味美·不起茶垢

特征

茶形状：条索圆直紧秀、显毫
茶色泽：深绿光润
茶汤色：清澈绿亮
茶香气：鲜嫩栗香
茶滋味：鲜爽回甘
茶叶底：嫩匀、绿亮
产　地：云南省景洪县（景洪市）

干茶　紧秀显毫

昆明

云南省

景洪

茶汤　清澈绿亮

　　创新名茶，属烘青绿茶。由云南省思茅地区（2007年更名为普洱市）景洪县（现更名为景洪市）大渡岗茶场于20世纪80年代初创制，因成品茶特别显毫而故名。

　　龙山云毫采用大渡岗茶场大龙山茶园的云南大叶种为原料，每年2月上旬开采，采摘一芽一二叶初展的芽叶，经摊放、杀青、初揉、初烘、复揉、整形、理条、提毫、足干、拣剔等工序加工而成，1981年前为手工生产，以后改进工艺使用机械化生产。成品茶条索肥嫩紧实，色泽油润翠绿，锋苗好，白毫显露，并具板栗香气。香高、味美、不起茶垢，堪称龙山云毫之"三绝"，因而深受广大消费者的欢迎和喜爱。

叶底　嫩匀绿亮

宜良宝洪茶

叶片似鳍·味浓爽口

昆明
宜良
云南省

干茶 光滑壮实

历史名茶，属炒青绿茶，是一种扁形炒青绿茶。旧称"宜良龙井"。创制于明清年间。宝洪茶每年春分后清明前采茶，采自中小叶种茶树一芽一叶至二叶初展芽叶。传统的宝洪茶的制法，分杀青、揉捻、初晒、复揉、复晒等工序。1946年后仿照西湖龙井制法，制法由烘青改炒青，命名为宜良龙井茶。1976年又复名为宝洪茶。宝洪茶具有浓郁的板栗香气，民间流传着"屋内炒茶院外香，院内炒茶过路香，一人泡茶满屋香"的说法。宝洪茶冲泡在玻璃杯里，芽头向上微开似鱼头，两个金黄叶片展开似鱼鳍，有如金鱼戏水，具有颇高的观赏价值。

茶汤 黄绿明亮

叶底 嫩绿成朵

绿茶

早春绿

银毫显露·滋味甘醇

 特 征

茶形状：条索紧结壮实、
　　　　有锋苗
茶色泽：翠绿光润
茶汤色：清澈明亮
茶香气：鲜爽持久
茶滋味：醇厚回甘
茶叶底：嫩绿明亮
产　地：云南省凤庆县
　　　　境内茶山

干茶　紧结壮实

茶汤　清澈明亮

叶底　嫩绿明亮

新创名茶，属烘青绿茶。于 20 世纪 80 年代初由凤庆茶厂研制而成。

凤庆引入大叶种茶树品种始于光绪末年（1908 年），至今已有 90 余年历史，经长期驯化培育，选育的凤庆大叶种现已成为国家级良种之一。

早春绿，选用当地凤庆大叶种为原料，采摘一芽一叶初展之鲜叶，经蒸汽杀青、揉捻做形后，烘干而成。具有条索肥嫩、色泽翠绿、银毫显露、汤色嫩绿、香高持久、滋味甘醇的品质特点。凤庆茶厂生产的"凤牌"早春绿在 1990 年曾获商业部"部优名茶"称号。

太华茶 绿茶

色绿油润·形状秀美

🍃 特征

茶形状：紧结挺直、形似松针
茶色泽：翠绿
茶汤色：嫩绿明亮
茶香气：高爽持久
茶滋味：浓醇
茶叶底：嫩匀
产　地：云南省凤庆县境内各大茶山

干茶 紧结挺直

　　新创名茶，属烘青绿茶。于 21 世纪初由凤庆茶厂茶叶研究所创制。凤庆地处云南省西部，该区夏热冬暖，属南亚热带及中亚热带气候，年平均气温 16℃ ～ 20℃，最冷月平均气温在 10℃以上，≥ 10℃的活性积温 5000℃ ～ 7000℃，年降雨量在 1000 ～ 1400 毫米之间，是大叶种茶树最适宜生长地区。

　　太华茶采摘凤庆大叶种清水 3 号、凤庆 3 号、凤庆 19 号三个品种一芽一叶初展的鲜叶拼配后，经蒸汽杀青、轻揉做型，干燥而成。产品条索挺直，形似松针，色绿油润，形状秀美。

茶汤 嫩绿明亮

叶底 嫩匀

绿茶

蒸酶茶

墨绿起霜 · 汤绿味醇

 特 征

茶形状：	条索紧结重实
茶色泽：	墨绿起霜
茶汤色：	黄绿明亮
茶香气：	高锐
茶滋味：	醇爽
茶叶底：	嫩绿明亮
产　地：	云南省凤庆、临沧一带

干茶 紧结重实

茶汤 黄绿明亮

新创制名茶，属炒青绿茶。20世纪80年代初，凤庆茶厂开始试制蒸青式绿茶，成功后于1989年正式定名为蒸酶茶。

蒸酶茶以采摘云南大叶种一芽一叶和一芽二叶初展的芽叶为原料，采用摊放、蒸汽杀青、揉捻、辉干等加工工序而成。由于炒制过程的蒸汽杀青湿热作用，有利于茶多酚类化合物的降解，大大减轻了大叶种绿茶的苦涩味，从而使蒸酶茶在大叶种绿茶中脱颖而出，成品茶汤绿味醇，深受消费者的欢迎。

叶底 嫩绿明亮

滇池银毫 绿茶

栗香浓烈·形美茶香

特征

茶形状：条索微曲、
　　　　肥硕重实、显毫
茶色泽：绿润
茶汤色：黄绿明亮
茶香气：栗香持久
茶滋味：浓醇鲜爽
茶叶底：黄绿、匀嫩明亮
产　地：云南省凤庆一带

凤庆·　·昆明
云南省

干茶　肥硕重实

　　新创名茶，属烘青绿茶，是一种条形的烘青绿茶，创制于20世纪90年代中期。滇池银毫选用云南大叶种一芽一叶至二叶初展鲜叶为原料，经杀青、揉捻、烘干、整形、复火包装而成。分特级、一至三级及碎茶5个级别。

　　清饮滇池银毫茶，栗香浓烈，滋味浓纯，多次冲泡、香味犹存。滇池银毫茶更适于窨制高档茉莉花茶，形美而茶更香。

茶汤　黄绿明亮

叶底　匀嫩明亮

166

 绿茶

磨锅茶

香醇爽口·栗香馥郁

特 征

茶形状：紧卷成条而重实
茶色泽：银灰
茶汤色：竹叶青色
茶香气：栗香馥郁
茶滋味：浓厚回甘
茶叶底：黄绿明亮
产　地：云南省腾冲县
　　　　清凉山一带

干茶 紧卷成条

茶汤 竹叶青色

历史名茶，是一种条形炒青绿茶。因加工过程是在锅中磨炒而得名。腾冲地处云南省西部。该区夏热冬暖，属南亚热带及中亚热带气候。

磨锅茶采摘一芽一叶和一芽二叶初展的云南大叶种鲜叶为原料。鲜叶采回，在清洁阴凉的室内适度摊凉后付制，经杀青、揉捻、炒二青、炒三青和辉锅等工序制成，分特、一至三级及碎茶共 5 个级别。

由于磨锅茶栗香浓烈，滋味香醇爽口，深受消费者的欢迎。1994 年被云南省评为省级名茶。

叶底 黄绿明亮

金鼎翠绿

清香悠长·醇和甘爽

干茶 纤细紧直

　　新创名茶，属烘青绿茶。20世纪90年代末由海南省保亭县通什茶场研制。

　　通什茶场是一个以生产出口红碎茶为主的国营企业，创建于20世纪60年代。改革开放以来为适应市场发展需要，近年来也生产乌龙茶和绿茶，金鼎翠绿是开发的绿茶品种之一。金鼎翠绿采摘毛蟹良种一芽一叶初展鲜叶为原料，经杀青、摊凉、揉条、初烘、理条、足火等工序制成，全程均为机械化生产。产品条索纤细、显毫、翠绿油润，茶汤清澈明亮，香气清高悠长，滋味醇和爽口，是海南岛高档名优绿茶之一。

茶汤 清澈明亮

叶底 黄绿匀齐

绿茶

栗香毛尖

茶形挺直·有栗香

 干茶　紧细挺直

 茶汤　清澈明亮

新创名茶，创制于20世纪90年代，采一芽一叶初展鲜叶为原料，经杀青、搓条、烘炒等工序制成。产品外形紧细而挺直，茶汤清澈明亮，尚带有栗香。

 叶底　叶底匀整

红茶，基本茶类之一，是"全发酵茶"。约 200 多年前，福建崇安星村最早开始生产，后其他各省陆续仿效。红茶产区主要集中于华南茶区的海南、广东、广西、台湾以及湖南和福建南部；西南茶区的云南、四川等地；江南茶区的安徽、浙江、江西也有少量生产。

中国生产的红茶，有功夫红茶、红碎茶和小种红茶三个类别。红茶的生产工艺虽大同小异，但各具特点。最早产于福建崇安的正山小种红茶，在制造过程中有用松烟熏制，其产品带松烟香；功夫红茶则由小种红茶演变而成，条索细紧，乌黑油润，因其制工精细而得名。从成品茶的外形上看，小种红茶和功夫红茶都是条索状，而红碎茶则是 20 世纪 60 年代适应国际市场需要而研制的新产品，在加工过程中增加了切碎工序，因此产品呈颗粒状。

各种红茶的品质特点是红汤红叶，色香味的形成都有类似的化学变化过程，只是存在变化的条件、程度上的差别而已。

中国的红茶生产，分初制和精制两大部分，广大茶区茶农一般只生产毛茶。毛茶送售精制厂后，再进行加工精制拼配，投放市场或出口。

红茶是中国茶叶生产主要茶类之一，主要品种有：祁红、滇红、闽红、川红、宜红、宁红、越红、湖红、苏红，若加上台湾地区所产的日月潭红茶等，约占中国总产量的 6%。红茶也是重要出口茶类，19 世纪 80 年代以前，在世界茶叶市场上占有重要地位，2000 年中国红茶出口仍有 3 万吨左右，远销世界 60 多个国家和地区。

红茶 **九曲红梅**

色如红梅·故而得名

❀ 特 征

茶形状：条索细紧而秀丽
茶色泽：乌润
茶汤色：红艳明亮
茶香气：香高
茶滋味：醇厚
茶叶底：红明嫩软
产　地：浙江杭州市
　　　　西南郊的周浦乡

干茶 细紧秀丽

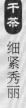

茶汤 红艳明亮

叶底 红明嫩软

历史名茶，又称"九曲乌龙"，属条形红茶。原产福建武夷山九曲的细条形红茶，色红香清如红梅，故名。太平天国期间，福建农民北迁，有的落户杭州市郊湖埠大坞山，以生产红茶谋生，九曲红梅遂传名于世，成为名品。

经多年实践，后人将"龙井九曲"、"龙井红"、"红梅"等多种名称统一为"九曲红梅"。九曲红梅茶的加工，每年于清明至谷雨期间，在清晨露干后采一芽一二叶之鲜叶，经萎凋、揉捻、发酵、烘焙等工序制作而成，其关键在于掌握适当发酵和精心烘焙技术。

祁门红茶 红茶

入口醇和·回味隽厚

🍃 特 征

茶形状：条索细紧匀齐、秀丽

茶色泽：乌润

茶汤色：红亮

茶香气：鲜甜清快、有果糖香

茶滋味：醇和鲜爽

茶叶底：嫩匀明亮

产　地：安徽省祁门县

安徽省

○合肥

祁门

干茶 细紧匀齐

茶汤 汤色红亮

叶底 嫩匀明亮

祁门红茶在国际市场上与印度大吉岭红茶、斯里兰卡乌伐红茶，共称世界三大高香茶。祁红的采制，以槠叶良种鲜叶为原料，经萎凋、揉捻、发酵、毛火、足火等工艺加工而成。制作关键在于鲜叶原料的分级付制萎凋均匀，程度适中；揉捻充分，发酵适度；毛火高温快烘，足火低温慢烤。有人说，祁红馥郁鲜爽的果糖香（祁门香）是慢慢烤出来的。祁红的滋味，入口醇和，回味隽厚，味中有香；汤色红艳透明，叶底红亮。单独泡饮，最能领略其独特香味，加入牛奶与糖调饮也十分可口。英国人最喜爱喝祁红，王家贵族都以祁红作为时髦饮品，用祁红向王后祝寿，曾获得"群芳最"的美誉。

正山小种红茶

红艳浓厚·醇厚回甘

 特 征

茶形状：条索肥壮、紧结圆直、不带芽毫
茶色泽：乌黑油润
茶汤色：红艳浓厚、似桂圆汤
茶香气：松烟香
茶滋味：醇厚回甘
茶叶底：肥厚红亮
产　地：福建武夷山区

干茶 紧结圆直

茶汤 红艳浓厚

原称"桐木关正山小种"，现称正山小种。一年只采春夏两季，春茶在立夏开采，以采摘一定成熟度的小开面叶（一芽二三叶）为最好。传统制法是鲜叶经萎凋、揉捻、发酵、过红锅、复揉、薰焙、筛拣、复火、匀堆等八道工序。小种红茶的制法有别于一般红茶，发酵以后在200℃的平锅中进行拌炒2～3分钟，称"过红锅"，这是小种红茶特殊工艺处理技术，其目的在于散去青臭味，消除涩感，增进茶香。其次是后期的干燥过程中，要用湿松柴进行薰烟焙干。正是由于这些独特工艺，从而形成小种红茶的松烟香、桂圆汤、蜜枣味等独有品质风格，赢得了海内外消费者的青睐。

叶底 肥厚红亮

政和功夫红茶

水色红亮·浓郁芳香

🍃 特 征

茶形状：条索肥壮、
　　　　紧实显毫
茶色泽：乌黑油润
茶汤色：红艳明亮
茶香气：浓郁芳香、
　　　　似紫罗兰花香
茶滋味：醇厚
茶叶底：橙红柔软
产　地：福建省政和县

干茶 紧实显毫

　　历史名茶，属条形红茶。政和功夫红茶是福建红茶中最具高山茶品质特征的一种条形茶。生产至今已有200多年历史。

　　政和功夫以一芽一二叶鲜叶为原料，经萎凋、揉捻、发酵、干燥等条形红茶制作工艺加工而成。政和功夫长期保持其优异品质特点，关键在于原料选取政和大白茶品种为主体，取政和大白茶品种滋味浓爽，汤色红艳之长，又适当配以小叶种取浓郁花香之特点。因而高级政和功夫红茶外形毫心显露、形状匀称、乌黑油润，内质水色红亮、味浓而香郁，深受消费者的欢迎。

茶汤 红艳明亮

叶底 橙红柔软

红茶

坦洋功夫红茶

条索紧结·乌润醇厚

特 征

茶形状：条索细紧秀丽、
茶毫微显金黄
茶色泽：乌润
茶汤色：红明
茶香气：高爽
茶滋味：醇厚
茶叶底：红亮
产　地：福建省闽东的
寿宁等县

干茶 紧结秀丽

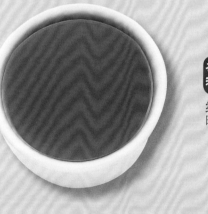

茶汤 红明

叶底 红亮

　　福建三大功夫红茶之一。采摘有性群体品种菜茶鲜叶为原料，经萎凋、揉捻、发酵、干燥而成。坦洋功夫的制作要领在于：鲜叶分级归堆、按级付制，萎凋适度均匀，揉捻揉透揉紧，发酵适度，毛火高温快焙，足火低温慢烘。除此之外，还得掌握茶的拼配技术。坦洋功夫产区较广，各地品质特征差异也大，以产地福安为中心，其西北部高山茶区的寿宁、周宁所产红茶香气清高，滋味浓醇，耐冲泡；而东南沿海丘陵区霞浦之茶，则含毫秀丽，滋味鲜爽，叶底红亮。科学地将其拼配，取长补短，相得益彰，是坦洋功夫长期品质稳定的关键。

英德红茶

汤浓味厚·香气浓郁

特 征

茶形状：条索细紧、身骨重实、匀整优美
茶色泽：乌润
茶汤色：红艳明亮
茶香气：浓郁纯正
茶滋味：醇厚甜润
茶叶底：红亮
产　地：广东省英德市

英德·广东省
广州

干茶 匀整优美

新创名茶，属条形红茶。于 1959 年由广东省英德茶场创制成功，故简称"英红"。自 20 世纪 50 年代中期，英德大量推广种植云南大叶种和凤凰水仙茶，英德红茶之鲜叶原料，主要来自这两大品种。要求采摘一芽二三叶及同等嫩度的对夹叶，经萎凋、揉捻、发酵、毛火、足火等传统工艺制成。英德红茶品质优异源于其品种搭配之优势。云南大叶种茶多酚含量高，成品茶味浓强，汤红艳，而水仙群体种香气鲜爽持久，两者配合，使英红具备了汤浓味厚，香气浓郁的品质特点。

茶汤 红艳明亮

叶底 红亮

红茶 英德金毫茶

金黄油润·有玫瑰香

🍃 特 征

茶形状：条索紧细、锋苗毕露、金毫满披
茶色泽：金黄润亮
茶汤色：红艳明亮
茶香气：高锐持久、具玫瑰香
茶滋味：浓厚鲜爽
茶叶底：柔软红亮
产　地：广东省英德市

干茶 金毫满披

英德 · 广东省 · 广州

茶汤 红艳明亮

叶底 柔软红亮

新创名茶，是 1989 年由广东省农科院茶叶研究所研制的一种条形功夫红茶。因其外形毫尖锋锐，金毫鳞鳞，灿灿夺目，叶色金黄艳亮，高雅名贵，故称金毫茶。英德境内奇峰林立，山清水秀，风景秀丽，不下武夷。这里气候温和，雨量充沛，四季分明，土壤肥沃，且呈微酸性反应，十分适宜于茶树生长。金毫茶采摘英红 9 号茶树品种（从云南大叶群体种中选育而成）的单芽或一芽一叶初展鲜叶为原料，经萎凋、揉捻、发酵、解块、复揉、初烘理条、提毫、足干等八道工序制成。成品茶毫峰显露，金黄油润，并具自然玫瑰花香气，品质超群。

广东荔枝红茶

红浓乌润·有荔枝香

红茶

🍃 特 征

茶形状：条索细紧、
　　　　具锋苗
茶色泽：乌黑油润
茶汤色：红浓明亮
茶香气：荔枝香
茶滋味：浓厚香甜
茶叶底：柔软红艳
产　地：广东省英德市

英德・
广东省
广州・

干茶 条索细紧

新创名茶，是红茶之香料茶。20世纪
50年代由广东省茶叶进出口公司研制开发
的茶叶新产品。荔枝红茶是选用英德功夫红
条茶，加鲜荔枝果汁，采用科学的配方和特
殊工艺技术，使优质红茶充分吸收荔枝果汁
液香味而成。其外形与普通上等红条茶相似，
条索紧细、乌黑油润，内质香气芬芳，滋味
鲜爽香甜，汤色红亮，有荔枝风味，风格独特，
颇受消费者的欢迎。广东荔枝红茶主要产地
在英德市各大茶场。经40多年开发，目前
除广东市场外，产品已销往香港、澳门并逐
步扩展到东南亚、西欧和日本等10多个国
家和地区。年产量在千吨以上。

茶汤 红浓明亮

叶底 柔软红艳

竹海金茗红茶

金黄油润·鲜爽浓厚

干茶

毫色金黄

江苏省

南京 宜兴

特征

茶形状：条索细紧秀丽、
　　　　毫色金黄
茶色泽：金黄润亮
茶汤色：红艳明亮
茶香气：高锐、甜爽
茶滋味：鲜爽浓厚
茶叶底：柔软红亮
产　地：江苏省宜兴市

茶汤

红艳明亮

新创名茶，属条形红茶。20世纪90
年代中期由江苏省宜兴市茗峰镇的岭下茶
场研制。

岭下茶场位于宜兴市南部5公里处。该
区是天目山余脉的延伸地段，丘陵起伏，岭
坞连绵，竹木成林，自古以来有"竹之海洋"
的美称，竹海金茗的茶名正是这一地形地势
的写照。

竹海金茗采摘大毫品种单芽为原料，采
用红条茶的传统工艺，经萎凋、揉捻、发酵
和干燥（毛火、足火）等工序加工而成。产
品具有条索细紧、金毫披露、香气浓郁持久、
茶汤红艳、叶底嫩匀红亮之特点。

叶底

柔软红亮

汇珍金毫 红茶

乌褐油润·鲜郁高长

🍃 特 征

茶形状：条索肥硕、
　　　　金毫特显
茶色泽：乌褐油润
茶汤色：红艳明亮
茶香气：鲜郁高长
茶滋味：醇厚鲜爽
茶叶底：嫩匀明亮
产　地：广西凌云县
　　　　沙里瑶族乡

干茶　条索肥硕

新创名茶，属条形红茶。20世纪90年代末由广西汇珍农业有限公司研制而成。产地凌云县地处广西西部，属亚热带气候，年平均雨量1270毫米，年平均气温20.7℃，终年无霜雪，土壤为微酸性红壤，土层深厚，是茶树生长最适宜地区。

汇珍金毫茶采自当地凌云白毛茶品种茶树一芽一叶初展之鲜叶，经萎凋、揉捻、发酵、烘干等传统红条茶加工工序而成。成品茶条索肥硕，金毫特显，香气馥郁而高长，茶汤红艳明亮，耐于冲泡，品质特优。

茶汤　红艳明亮

叶底　嫩匀明亮

红茶

金鼎红（碎2号）

香若芝兰·鲜浓持久

干茶 细匀重实

茶汤 红艳明亮

属红碎茶。碎2号是红碎茶的茶号，主产于海南省的保亭县通什茶场。

金鼎红茶采摘云南大叶种和海南大叶品种一芽二三叶鲜叶为原料，采用传统制作工艺转子机组合法加工，鲜叶经萎凋、揉捻、解块、筛分、揉切、发酵、干燥等工序制成毛茶，再精制复火而成。

被誉为"当代茶圣"的吴觉农先生在品饮金鼎红后，留下这样的赞语："通什红茶，色如琥珀，味似醇醪，香若芝兰。"

叶底 红匀明亮

金毫滇红功夫

形美色艳·鲜浓醇郁

 特征

茶形状：条索紧结、
　　　　锋苗秀丽
茶色泽：毫峰金黄闪烁
茶汤色：红艳明亮
茶香气：嫩香、浓郁持久
茶滋味：鲜浓醇
茶叶底：单芽、红艳、柔嫩
产　地：云南省凤庆、
　　　　临沧等地

干茶 条索紧结

　　新创制名茶，属条形红茶。于1958年由云南凤庆茶厂职工创制。

　　金毫滇红功夫选用凤庆大叶种为原料，采清明前之芽蕊，经萎凋、轻揉、发酵、毛火、足火制成毛茶，再经筛分、割末而成。干茶条紧秀丽，毫峰金黄闪烁，形状优美，茶香浓郁，汤色红浓明亮，是滇红功夫中之极品。曾以每磅500便士在伦敦市场创造世界茶叶最高价。以后又在此基础上，创制特级滇红功夫，毫芽特多，形美色艳，香高味浓。产品一直是国家外事活动和赠送外宾的礼茶。

茶汤 红艳明亮

叶底 红艳柔嫩

红茶

"大渡岗"牌功夫红茶

乌润鲜醇
柔嫩红亮

昆明

云南省

景洪

干茶 肥嫩紧实

茶汤 红艳明亮

叶底 柔嫩红亮

新创名茶，属条形红茶类。于20世纪90年代由云南西双版纳大渡岗茶场（厂）研制。大渡岗茶场（厂）位于西双版纳地区、澜沧江下游的景洪市大渡岗乡，建于20世纪80年代初期，是云南省按照现代化生产要求，既生产功夫红茶、红碎茶和滇绿兼制的一个现代化茶场（厂）。"大渡岗"牌功夫红茶采摘云南大叶种一芽二三叶鲜叶为原料，按传统功夫红茶工艺，经萎凋、揉捻、发酵、毛火、足火等工序加工而成。"大渡岗"牌功夫红茶以味浓、汤艳而著称，是红茶中的珍品。

CTC红碎茶5号 红茶

香气甜纯·鲜浓持久

❧ 特 征

茶形状：颗粒形、
　　　　重实匀齐
茶色泽：棕红油润
茶汤色：红艳
茶香气：鲜浓持久
茶滋味：鲜爽浓强
茶叶底：红匀明亮、柔软
产　地：云南西双版纳
　　　　大渡岗茶场

云南省 ●昆明
西双版纳

干茶 呈颗粒形

新创名茶，属红碎茶。20世纪80年代后期，根据扩大出口贸易的需要，云南省西双版纳大渡岗茶场从国外引进CTC茶机，采摘云南大叶种一芽二三叶初展和同等嫩度的单片叶及对夹叶为原料，经萎凋、洛托凡加CTC三连揉切、连续自动发酵、流化床烘干、筛分、拼配匀堆、复火、撩头、割末等工序制成CTC优质红碎茶。

"大渡岗"牌CTC碎茶5号，颗粒重实，色泽匀润，香气甜纯，汤色红艳，滋味鲜纯浓强，叶底明亮，品质优异，在1999年中国茶叶学会第三届"中茶杯"全国名茶评比中荣获特等奖。

茶汤 红艳

叶底 红匀明亮

日月潭红茶

红茶

甜香浓郁 · 茶味浓醇

特 征

茶形状：粗壮、条索紧结
茶色泽：深褐
茶汤色：橘红色
茶香气：甜香浓郁
茶滋味：浓醇
茶叶底：红艳明亮
产　地：台湾南投县
　　　　埔里镇及
　　　　鱼池乡一带

干茶

条索紧结

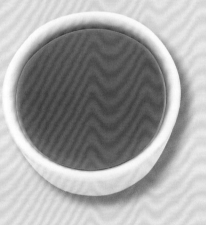

茶汤

橘红色

历史名茶，属条形红茶。鉴于产地在日月潭附近而得名。已有100多年历史，原为采摘当地中小叶种制造，1925年日本统治时期引进印度阿萨姆种才开始用大叶种制作，品质更优，与印度、斯里兰卡的高级红茶不相上下。据统计，早在20世纪30年代中期，以日月潭红茶为代表的台湾红茶曾有大规模发展时期，当时红茶出口量达6400多吨，跃居乌龙、包种之上。

日月潭红茶采用传统制法，采摘一芽二三叶经萎凋、揉捻、发酵、干燥（毛火、足火）而成。成品茶汤色红艳，甜香浓郁，添加柠檬、白糖或奶精，香味更为适口。

叶底

红艳明亮

乌龙茶，基本茶类之一，亦称"青茶"，是"半发酵茶"。其起源尚有争议，有始于北宋和始于清咸丰诸说。一般认为始于明末，盛于清初。其发源地也有闽南及闽北武夷山两说。清初王草堂《茶说》（1717 年）："武夷茶……炒焙兼施，烹出之时，半青半红，青者乃炒色，红色乃焙色也。茶采而摊，摊而扩，香气发越即炒，过时不及皆不可。既炒既焙……"乌龙茶产于福建、广东和台湾。近年来在浙江、四川、江西等地也有少量生产。

乌龙茶是介于绿茶与红茶之间，具有两种茶特征的一种茶叶。其品质特征是：色泽青褐，汤色黄亮，叶底绿底红镶边，并有浓郁的花香。

目前，中国的乌龙茶有闽北乌龙、闽南乌龙、广东乌龙和台湾乌龙之分。不同的乌龙茶按多酚类的氧化程度，从轻到重依次是：台湾的包种茶（含包种式高山乌龙茶和冻顶乌龙茶）、闽南乌龙茶、广东乌龙茶、台湾白毫乌龙茶。

乌龙茶主销香港地区以及日本和东南亚各国。

乌龙茶

安溪铁观音

醇厚甘鲜·齿颊留香

 干茶 肥壮圆结

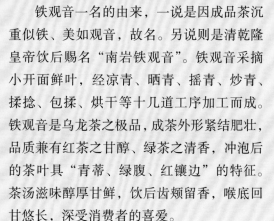

 茶汤 金黄明亮

历史名茶，属乌龙茶。创制于清乾隆年间，铁观音既是茶树品种名，也是茶叶名和商品名称。

铁观音一名的由来，一说是因成品茶沉重似铁、美如观音，故名。另说则是清乾隆皇帝饮后赐名"南岩铁观音"。铁观音采摘小开面鲜叶，经凉青、晒青、摇青、炒青、揉捻、包揉、烘干等十几道工序加工而成。铁观音是乌龙茶之极品，成茶外形紧结肥壮，品质兼有红茶之甘醇、绿茶之清香，冲泡后的茶叶具"青蒂、绿腹、红镶边"的特征。茶汤滋味醇厚甘鲜，饮后齿颊留香，喉底回甘悠长，深受消费者的喜爱。

 叶底 肥厚红边

安溪黄金桂

清醇鲜爽 · 混合花香

🍃 特 征

茶形状：紧细卷曲、匀整
茶色泽：金黄油润
茶汤色：金黄明亮
茶香气：高强清长
茶滋味：清醇鲜爽
茶叶底：黄绿色、红边明显、
　　　　尚柔软明亮
产　地：福建安溪县

福建省
福州●

安溪●

干茶　紧细卷曲

历史名茶，属乌龙茶。创制于清光绪年间。黄金桂，是以黄品种鲜叶制成的一种乌龙茶茶名。

传说安溪青年林梓琴之妻王棪棪栽种野生茶苗，经精心培育后，单独采制泡饮，未揭杯盖即香气扑鼻，故称"透天香"。由于茶种由王棪棪带来，叶色黄绿，闽南方言中"王"与"黄"发音相似，故称"黄"以示纪念。

黄金桂的加工方法，由鲜叶经凉青、晒青、摇青、炒青、揉捻、初烘、包揉、复烘、复包揉、烘干而成。在安溪茶区，一年可采春、夏、暑、秋、冬五季茶。其成品茶之香气高强清长，似栀子花、桂花、梨花等混合香气。

茶汤　金黄明亮

叶底　红边明显

大坪毛蟹

乌龙茶

砂绿油润·醇厚甘鲜

🍃 特 征

茶形状：肥壮紧结、重实
砂绿油润、
茶色泽：红点鲜艳
茶汤色：金黄明亮
茶香气：浓郁鲜锐
茶滋味：醇厚甘鲜
茶叶底：黄绿柔软
产　地：福建安溪县

干茶　肥壮紧结

福建省
福州○

安溪●

茶汤　金黄明亮

　　大坪毛蟹是以品种命名的一种乌龙茶。

　　采用毛蟹良种鲜叶制成。因其叶片叶缘锯齿明显，深而整齐，如毛蟹外壳而得名。灌木型茶树，树姿半开展，分枝密集，叶片椭圆近水平著生，色黄绿，稍具光泽，叶面平展，肉厚而硬脆，为中芽种。

　　毛蟹乌龙茶按闽南乌龙茶加工方法，鲜叶经凉青、晒青、摇青、炒青、揉捻、初烘、包揉、复烘、复包揉、烘干而成。成品茶香气浓郁、叶软肥厚，由于毛蟹品种产量较高，适制性广（除乌龙茶外，制红、绿茶品质也好），品质上乘，故茶农喜欢，消费者认可，现已成安溪乌龙茶主要品类之一。

叶底　黄绿柔软

武夷铁罗汉

武夷名丛·浓郁鲜锐

 特 征

茶形状：条索匀整、
　　　　紧结粗壮
茶色泽：乌褐、红斑显
茶汤色：橙红明亮
茶香气：浓郁鲜锐
茶滋味：浓醇
茶叶底：软亮微红
产　地：福建省武夷山

武夷山
福州
福建省

干茶　紧结粗壮

历史名茶，属乌龙茶。铁罗汉是武夷历史最早的名丛，并以品种命名其茶名。不同生长地的铁罗汉，有叶形狭长如柳、枝干直立明显、着生角40度左右、花期较迟的特点。

铁罗汉的加工方法与岩茶相似，其初、精制工序异常细致。加工程序分晒青、凉青、做青、初揉、复炒、复揉、走水焙、簸拣、摊凉、拣剔、复焙、炖火、毛茶、再簸拣，补火而成。铁罗汉品质上乘，香气特殊，略带花香。目前，铁罗汉已有少量繁育，种植于武夷山不同山岩，生长良好。

茶汤　橙红明亮

叶底　软亮微红

乌龙茶

大红袍

甘泽清醇·有兰花香

干茶　匀整壮实

茶汤　金黄清澈

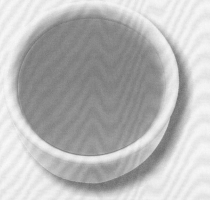

叶底　边红中绿

　　历史名茶，属乌龙茶。大红袍长于九龙窠石壁之中部，山谷两旁岩壁高耸，日照较短，气温变化不大，尤其巧妙者，在岩壁上有一条狭长的石罅，汇秀润的甘泉与苔藓石锈于茶地，因而土壤肥沃。生存于这一环境条件下的大红袍茶树，得天独厚的雨露滋润，芽壮叶厚，鲜叶原料之优良，当成自然。

　　大红袍采用武夷岩茶加工，精工细作而成。九龙窠的大红袍茶树原为三丛，20世纪60年代经扦插扩大繁育，试种于武夷山不同山岩，现已批量生产。1999年获中国茶叶学会第三届"中茶杯"全国名优茶评比二等奖。

武 夷 水 仙

滋味醇浓·鲜滑甘爽

🍃 特 征

茶形状：条索匀整、
　　　　紧结粗壮
茶色泽：乌褐油润
茶汤色：橙黄清澈
茶香气：浓郁鲜锐、
　　　　具兰花香
茶滋味：醇浓、鲜滑甘爽
茶叶底：软亮、叶缘微红
产　地：福建省武夷山

武夷山
福州
福建省

干茶 匀整紧结

　　历史名茶，属乌龙茶。水仙是武夷山一茶树品种名称，武夷水仙是以品种命名的茶名。

　　武夷水仙采摘水仙品种茶树之鲜叶加工而成。当树上新梢伸育至完熟形成驻芽后，留下一叶，采下三至四叶，俗称"开面采"。鲜叶经晒青、凉青、做青、炒青、初揉、复炒、复揉、走水焙、簸拣、摊凉、拣剔、复焙、炖火、毛茶、再簸拣、补火等工序后，即制成成品茶。武夷水仙外形肥壮；色泽乌褐，部分叶背沙粒显明；香气浓锐，带兰花香；味浓醇而厚，口甘清爽；汤色橙黄明亮，耐冲泡；叶底软亮，红边明显。

茶汤 橙黄清澈

叶底 叶缘微红

乌龙茶

武夷肉桂

鲜滑甘润·带桂皮香

干茶 紧结壮实

茶汤 金黄清澈

叶底 黄亮有红边

历史名茶，属乌龙茶。肉桂是武夷山一茶树品种名称，武夷肉桂即是以品种命名的。

武夷肉桂采用肉桂品种茶树，当新梢伸育至完熟形成驻芽时，留下一叶，采下三至四叶，俗称"开面采"。传统制法是采回鲜叶经晒青、凉青、做青、炒青、初揉、复炒、复揉、走水焙、簸拣、摊凉、拣剔、复焙、炖火、毛茶、再簸拣、补火等工序制作而成。

武夷肉桂外形紧结而色青褐；香气辛锐刺鼻，早采者带乳香，晚采者桂皮香明显；味鲜滑甘润。武夷肉桂品质上乘，香型独特，是乌龙茶中不可多得的高香品种，近年来发展很快，现已成武夷茶的当家品种。

金佛茶

乌龙茶

香幽而奇·醇浓回甘

🍃 特　征

茶形状：条索壮实、
　　　　匀整紧结
茶色泽：乌褐油润
茶汤色：橙黄清澈
茶香气：浓郁鲜锐
茶滋味：醇浓回甘
茶叶底：软亮微红边
产　地：福建省武夷山

武夷山

福州

福建省

干茶

壮实紧结

茶汤

橙黄清澈

叶底

软亮微红边

　　金佛茶的采摘要求严格，加工技术细致。以武夷岩茶奇种为原料，采小开面（三叶包心）之茶青，在采摘技术上要求做到雨天不采、露水叶不采、烈日下不采、前一天下大雨不采（久雨不晴例外）。采回的茶青、不同品种、不同的产地（不同岩，阴山和阳山）、不同批次均需严格分开，由专职师傅负责处理，分别付制，不可混淆。金佛茶的制作基本参照岩茶制法，茶青经萎凋、凉青、做青、揉捻、烘干后制成毛茶，再经拣梗、匀堆、风选、复拣、焙火而制成成品茶。金佛茶加工精良，香幽而奇。

清香乌龙茶

乌龙茶

高雅鲜爽·天然花香

干茶 紧结重实

茶汤 金黄明亮

叶底 红边显

　　新创名茶，属乌龙茶。20世纪90年代末期上海华龙茶业有限公司开发的新型乌龙茶。生产于福建省泉州市德化县的赤水山、福全山、高阳山和雷峰山等地。

　　清香乌龙茶采用闽南乌龙茶加工工艺，鲜叶经凉青、晒青、摇青、炒青、揉捻、初烘、包揉、复烘、复包揉、烘干等工序制成。该茶在制作过程中，发酵程度较轻，而包揉充足，因而颗粒紧结。茶汤金黄明亮，香气高雅，并有兰花香，品质上乘，适宜于江、浙、沪地区人群消费。清香乌龙茶在2000年第四届国际茶博会上获金奖。

白奇兰 乌龙茶

细长花香·醇厚甘爽

 特　征

茶形状：条索紧结、匀整美观
茶色泽：褐黄油润
茶汤色：橙黄
茶香气：高强细长、似花香
茶滋味：醇厚甘爽
茶叶底：软亮
产　地：福建省武夷山区

干茶　条索紧结

历史名茶，属乌龙茶。创制于清代，至今已有百余年历史。白奇兰为品种茶名，早年由安溪引进，属灌木型中叶类中叶种。白奇兰树枝半开张，分枝尚密。叶片呈水平状着生。叶形长椭圆，色黄绿富光泽，叶缘平或波状。花瓣6～9瓣。

白奇兰的采摘标准为驻芽小开面至中开面三至四叶，保持鲜叶的新鲜、匀净与完整，采用闽北乌龙加工工艺，经萎凋、凉青、做青（摇青）、初揉、复炒、复揉、走水培、摊焙、烘干而成。

白奇兰茶具兰花香，品种香型明显，现已发展成为武夷岩茶主要品种之一。

茶汤　橙黄

叶底　软亮

平和白芽奇兰

清高爽悦·具兰花香

特 征

茶形状：紧结、重实、半球型
茶色泽：青褐油润
茶汤色：橙黄
茶香气：清高爽悦、兰花香
茶滋味：醇爽
茶叶底：软亮
产　地：福建省平和县大芹山、彭溪村一带

干茶　紧结半球型

福州
福建省
平和

茶汤　橙黄

历史名茶，属乌龙茶。创制于清乾隆年间。平和县位于福建省南部。境内多低山丘陵，茶树生长条件优越。白芽奇兰茶是一品种茶名。相传在250多年前的清乾隆年间，平和县骑岭乡的彭溪村"水井"边长出一株奇特的茶树，因茶芽呈白绿色，制成干茶富有"兰花香"，故取名白芽奇兰。后经人们采用无性繁殖方法广为栽培，才流传至今。白芽奇兰的采摘标准为驻芽小开面至中开面三至四叶，保持鲜叶的新鲜，匀净于完整。采用晾青、晒青、摇青、杀青、初烘、初包揉、复烘、复包揉，足干等多道工艺制成。

叶底　软亮

永春佛手

馥郁幽长·似香橼香

特 征

茶形状：肥壮重实、
　　　　呈半球状
茶色泽：砂绿油润
茶汤色：金黄明亮
茶香气：馥郁幽长、
　　　　近似香橼香
茶滋味：甘醇
茶叶底：柔软黄亮、
　　　　红边明显
产　地：福建省永春县

干茶 呈半球状

茶汤 金黄明亮

叶底 红边明显

　　历史名茶，属乌龙茶。永春佛手是以品种命名的一种乌龙。佛手本是柑橘属中一种清香诱人、供人观赏和药用的名贵佳果。茶叶以佛手命名，是因为其叶子与佛手柑叶子相似，叶面凹凸不平，芽叶肥大，质地特别柔软，色泽黄绿而油润，制出干毛茶冲泡后具佛手柑所特有的奇香。

　　永春佛手的采制与闽南乌龙加工基本相同，于每年4月中旬开采，采驻芽以下二至三叶为标准，采回鲜叶经凉青、晒青、晾青、摇青、杀青、揉捻、初烘、包揉、复烘、复包揉、足火，摊凉后收藏。

岭头单丛茶

乌龙茶

浓郁持久·具蜂蜜香

 特 征

茶形状：条索紧直
茶色泽：黄褐油润
茶汤色：金黄明亮
茶香气：高锐浓郁持久、
　　　　具蜂蜜香
茶滋味：醇爽回甘、蜜味久长
茶叶底：绿腹红镶边
产　地：广东省饶平、
　　　　梅州、潮安
　　　　等地

干茶 条索紧直

茶汤 金黄明亮

叶底 绿腹红镶边

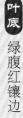

新创名茶，属乌龙茶。20世纪70年代创制的一种品种茶。岭头单丛茶采制讲究而细腻，茶青要求具有一定的成熟度，过老过嫩都不适宜。为便于操作，采摘时间一般掌握在下午2～4时，采后晒青，连夜赶制，经凉青、碰青、杀青、揉捻和干燥等工序，制成毛茶。目前已基本实现机械化或半机械化生产。岭头单丛茶比较容易制作，只要遵循制作流程，一般均能制出具岭头单丛品质风格的茶叶。岭头单丛茶以其独有的花香蜜韵，备受消费者的赞誉。1986年被商业部评为全国名茶；1988年获广东省"名茶"称号；1991年荣获"国际文化名茶"称号；1995年在北京举办的第二届中国农业博览会上获金奖。

蜜兰香单丛茶

鲜爽醇厚·浓郁持久

特征

茶形状：	条索紧直重实
茶色泽：	黄褐油润
茶汤色：	橙黄明亮
茶香气：	浓郁持久、花蜜香和兰花香
茶滋味：	鲜爽醇厚
茶叶底：	绿腹赤边
产　地：	广东省潮安县铁铺镇一带

广东省
潮安
广州

干茶 紧直重实

新创名茶，属乌龙茶。20世纪70年代创制的一种品种茶。原产饶平县的凤凰水仙群体种，经茶农选育成白叶单丛优良品种，20世纪80年代初引种至潮安县铁铺镇，并建立大片基地，自成一体，称"铺埔白叶单丛"。

蜜兰香单丛茶采自铺埔白叶单丛之鲜叶，应用岭头单丛茶制作工艺，经晒青、做青、杀青、揉捻、初焙、包揉、二焙、足干等工序而成。成品茶条索紧直，黄褐似鳝皮色，富花蜜香，有时还带兰花香气，味醇爽回甘，汤色橙黄明亮，叶底绿腹赤边柔亮。

茶汤 橙黄明亮

叶底 绿腹赤边

凤凰单丛茶

乌龙茶

浓郁花香·甘醇爽口

干茶　挺直肥硕

广东省　潮安
广州

茶汤　深黄明亮

叶底　绿腹红边

　　历史名茶，属乌龙茶。潮安县凤凰乡乌髻山，原盛产凤凰水仙茶，古时的凤凰水仙茶称为"鹩嘴茶"，至1956年才被定名为凤凰水仙。凤凰单丛茶实际上是凤凰水仙群体中的优异单株的总称，因其单株采取、单株制作，故称单丛。

　　凤凰单丛茶是介于红茶和绿茶之间的半发酵乌龙茶。其采制十分讲究。选晴天进行采摘，茶青不可太嫩也不可太老，一般为一芽二至三叶。加工分晒青、做青（碰青）、杀青、揉捻、干燥等工序。凤凰单丛茶由于其形美、色褐、香郁、味甘，具天然优雅的花香，因而倍受消费者的青睐，并在历次全国名优茶评比中名列前茅。

宋种黄枝香单丛茶

栀子花香
甘醇爽口

🍃 特征

茶形状：	条索紧细匀称
茶色泽：	鳝褐油润
茶汤色：	橙黄明亮
茶香气：	浓郁持久、 具栀子花香
茶滋味：	甘醇爽口
茶叶底：	笋黄色、红边明显
产　地：	广东省潮安县 凤凰（镇）山

广东省　潮安
　　　● 广州

干茶　紧细匀称

历史名茶，属乌龙茶。黄枝香单丛茶是凤凰单丛茶之一种。潮安县产茶历史悠久，远自宋代，凤凰山乌髻一带已有茶的分布，俗称"宋种"茶。现凤凰山尚存4000多棵百年古茶树，其品质、形态各异，分成80多个株系，按其成品茶香型可分黄枝香、桂花香等十大类型。因按单株株系采摘，单独制作，称之单丛茶，宋种黄枝香单丛茶是其中之一。

黄枝香单丛茶的制作按凤凰单丛茶的传统工艺，经晒青、凉青、碰青、杀青、揉捻和干燥等六道工序制成。由于黄枝香单丛茶，具天然花香，品质超群，在历次名茶评比中连续得奖。

茶汤　橙黄明亮

叶底　红边明显

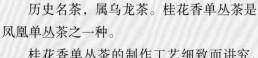

乌龙茶

宋种桂花香单丛茶

富桂花香
甘醇持久

🍃 特 征

茶形状：条索紧直匀称
茶色泽：鳝褐油润
茶汤色：橙黄明亮
茶香气：浓郁持久、
　　　　富桂花香
茶滋味：甘醇爽口
茶叶底：绿底红边
产　地：广东省潮安县
　　　　凤凰（镇）山

干茶　紧直匀称

广东省　潮安·
广州·

茶汤　橙黄明亮

历史名茶，属乌龙茶。桂花香单丛茶是凤凰单丛茶之一种。

桂花香单丛茶的制作工艺细致而讲究，分晒青、凉青、碰青、杀青、揉捻、干燥等工序。每一工序视茶青质地、气候变化等因素灵活应用。当天采摘的茶青当天加工完毕，从夕阳残照至红日初升，才制成毛茶，再经人工精挑细拣才制成精茶，制茶之精巧，在茶中少见，同时也可知制茶人的艰辛。

由于宋种桂花单丛茶具有自然桂花香气，因而近年在多次名茶评比中独占鳌头。2001年在中国茶叶学会第四届"中茶杯"全国名优茶评比中获一等奖。

叶底　绿底红边

宋种透天香单丛茶

甘醇爽口
花香持久

广东省 潮安
广州

干茶 肥硕匀称

历史名茶，属乌龙茶。透天香单丛茶是凤凰单丛茶之一种。潮安产茶历史悠久，远在宋代凤凰镇乌髻山已有茶的分布，俗称"宋种"茶。

透天香单丛茶的制作分晒青、凉青、碰青、杀青、揉捻、干燥等工序。当天采摘之茶青当天制作，不留叶过夜。透天香单丛茶用沸水冲泡，花香浓烈，挥发较快，具有冲天之香气，故称透天香。

透天香单丛茶由于条索肥硕，叶片壮实，较耐于冲泡，一般冲泡四五次仍有花香与茶味。

茶汤 橙黄明亮

叶底 绿腹红边

宋种芝兰香单丛茶

芝兰香浓
单丛珍品

🍃 特 征

茶形状：条索细紧匀称、
　　　　有锋苗
茶色泽：鳝褐油润
茶汤色：橙黄明亮
茶香气：芝兰香
茶滋味：甘醇爽口
茶叶底：绿腹红边
产　地：广东省潮安县
　　　　凤凰镇乌髻山
　　　　一带

干茶 细紧匀称

广东省 潮安
广州

茶汤 橙黄明亮

　　潮安产茶历史悠久，现在凤凰山的4000多棵宋种茶树依其品质和形态，经筛选出80多个优良株系，按其成茶香型有黄枝香、桂花香、芝兰香、肉桂香、杏仁香、透天香等十几种。这些株系一般都单独采摘、单独制作，称之为单丛茶。宋种芝兰香单丛茶是其中之一。

　　芝兰香单丛茶的制作按凤凰单丛茶的传统工艺分晒青、凉青、碰青、杀青、揉捻、干燥等六道工序。当天采摘的茶青当天加工完毕，从不过夜，从夕阳残照开始晒青，到红日初升，才完成毛茶初制，再经人工筛选，制成精茶，制工精良，品质超群。

叶底 绿腹红边

"单丛"牌龙珠茶

乌龙茶

粒如龙珠·花香浓烈

🍃 特 征

茶形状：圆结重实
茶色泽：绿褐油润
茶汤色：橙黄明亮
茶香气：花蜜香持久
茶滋味：浓醇爽口
茶叶底：绿腹红边
产　地：广东省潮州市
　　　　凤凰山

广东省 潮安
广州

干茶　圆结重实

新创名茶，属乌龙茶。20世纪90年代中期由广东宏伟集团公司研制开发。

"单丛"牌龙珠茶以凤凰单丛茶鲜叶为原料，采用潮州乌龙茶制法，结合包揉整形工艺。龙珠茶的加工对鲜叶采摘要求严格，要求在新梢形成对夹叶后二三天内开采，做到清晨不采、雨天不采、太阳过强烈不采，一般在晴天下午2～5时采收，采摘茶青不压不捏。鲜叶采回后经晒青、凉青、碰青、杀青、初焙、摊凉、包揉整形、烘焙等工艺而成。成品茶花香浓烈，粒如龙珠，圆紧重实，花香浓烈，汤色橙黄，滋味浓爽，在历次名茶评比中脱颖而出。

茶汤　橙黄明亮

叶底　绿腹红边

英德高级乌龙茶

乌龙茶

浓郁甘醇·具清果香

 特 征

茶形状：条索细紧、
　　　　肥硕、稍弯曲
茶色泽：鳝褐油润
茶汤色：橙黄明亮
茶香气：具果香味
茶滋味：浓郁甘醇
茶叶底：绿腹红边
产　地：广东省英德市

干茶 肥硕稍弯曲

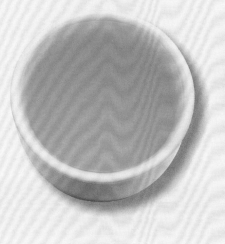

茶汤 橙黄明亮

叶底 绿腹红边

新创名茶，属乌龙茶。20世纪90年代中期由英德市茶树良种场研制开发。

英德高级乌龙茶以凤凰水仙群体品种，在新稍长到小开面后来给你三天内，采收顶端二三叶鲜叶为原料，采用潮州乌龙加工工艺，经晒青、做青（碰青）、杀青、揉捻、干燥等工序制成。由于其制作过程中，发酵程度较轻，因此，产品具清香或果香味，颇受消费者的青睐。2001年在中国茶叶学会第四届"中茶杯"全国名优茶评比中获"优质名茶"称号。

京明铁兰

茶味清香·甘醇爽口

🍃 特 征

茶形状：颗粒紧结、匀称
茶色泽：砂绿油润
茶汤色：金黄明亮
茶香气：清香
茶滋味：甘醇爽口
茶叶底：绿腹微红边
产　地：广东省揭西县
　　　　京溪园一带

干茶　颗粒紧结

新创名茶，属乌龙茶。20世纪90年代中期，由揭西县京明茶叶综合开发公司研制。揭西位于广东省东部，属揭阳市管辖，是广东省重要茶区之一。

揭西的茶树品种来源于凤凰山宋种茶之后代。京明铁兰采用潮州乌龙与台式乌龙相结合的制法，分晒青、凉青、摇青、炒青、包揉和干燥等工序加工而成。

由于掌握的发酵程度较轻，因此成品茶清香甘爽，颇受绿茶产区广大消费者的欢迎。京明铁兰于1997年在中国（国际）名茶博览会上获金奖。

茶汤　金黄明亮

叶底　绿腹微红边

乌龙茶

冻顶乌龙茶

花香突出·浓醇甘爽

 特 征

茶形状：条索紧结匀整、
　　　　卷曲成球
茶色泽：墨绿油润
茶汤色：蜜黄透亮
茶香气：清香持久
茶滋味：浓醇甘爽
茶叶底：绿叶红镶边
产　地：台湾南投县
　　　　鹿谷乡冻顶山

干茶　卷曲成球

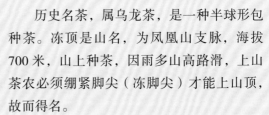

茶汤　蜜黄透亮

历史名茶，属乌龙茶，是一种半球形包种茶。冻顶是山名，为凤凰山支脉，海拔700米，山上种茶，因雨多山高路滑，上山茶农必须绷紧脚尖（冻脚尖）才能上山顶，故而得名。

冻顶茶一般以青心乌龙等良种为原料，采小开面后一心二三叶或二叶对夹，经晒青、晾青、浪青、炒青、揉捻、初烘、多次团揉、复烘、再焙等多道工序而制成。

冻顶茶的发酵程度较轻，约在20%～25%之间，由于呈半球形，花香突出，成了台湾乌龙茶的代表，素有"北文山（条形），南冻顶（半球形）"之美誉。

叶底　绿叶红镶边

文山包种茶

乌龙茶

滋味醇爽·有花果味

🍃 特 征

茶形状：条索紧结、
　　　　叶尖呈自然弯曲
茶色泽：深绿、蛙皮色
茶汤色：竹黄色、明亮
茶香气：兰花香
茶滋味：醇爽有花果味
茶叶底：青绿微红边
产　地：台湾台北县
　　　　坪林、石碇
　　　　等地

台北

台湾

干茶 紧结尖弯

茶汤 竹黄色、明亮

历史名茶，属条形乌龙茶。因产地在文山而得名。

文山包种一般以青心乌龙或大叶乌龙等优良品种为原料，在顶芽小开面后的二三日内，采其心下二三叶尚未硬化的叶片最为适宜。需经晒青、晾青、摇青、杀青、轻揉、烘干，制成毛茶，再经拣别精制而成。文山包种茶的发酵程度一般掌握在15%～20%之间，是乌龙茶中最轻的一种。文山包种茶，其成茶的外形是条形，这是与台湾其他乌龙茶最大不同之处；呈蛙皮色，以其天然花香而著称，是台湾北部茶类之代表，有"北文山，南冻顶"之说。

叶底 青绿微红边

乌龙茶

白毫乌龙茶

五彩相间·有果蜜香

特 征

茶形状：茶芽肥大、
　　　　白毫显露
茶色泽：红、黄、白、绿、褐
　　　　五彩相间，色泽鲜艳
茶汤色：橙红明亮、呈琥珀色
茶香气：熟果香或蜂蜜香
茶滋味：甜醇
茶叶底：红亮透明
产　地：台湾新竹县、
　　　　苗栗县

干茶

色泽鲜艳

茶汤

呈琥珀色

历史名茶，属乌龙茶。白毫乌龙又名东方美人茶、膨风茶、香槟乌龙茶，始于清末。

主产于新竹县北埔乡、峨嵋乡和苗栗县的头尾、头份、三湾一带。白毫乌龙在1900 ~ 1940年曾大量销往欧美，并献给英王。经英国女王命名为"东方美人茶"。

白毫乌龙一般应用青心大有品种，采摘一芽一二叶之茶青，经晒青、晾青、摇青、炒青、揉捻、干燥而成。其制作工艺与其他乌龙茶相仿，唯独发酵程度最重达70%左右，接近于红茶，但仍然属乌龙茶类。

叶底

红亮透明

金萱乌龙茶

乌龙茶

浓醇爽口·具奶香味

🍃 特 征

茶形状：紧结、半球形
茶色泽：砂绿色
茶汤色：金黄明亮
茶香气：淡奶香
茶滋味：浓醇爽口
茶叶底：绿底微红边
产　地：台湾南投县
　　　　竹山镇

干茶　紧结半球形

　　新创名茶，属乌龙茶。始于 20 世纪 80 年代后期，是乌龙茶的品种茶名。金萱是 1981 年由台湾茶叶改良场育成的一个新品种。

　　该种树势开张，生长势强，叶色绿，叶形椭圆，叶尖钝，茸毛多，花果极少，适应性广，产量高。适制乌龙茶，在台湾中部地区推广种植较多。金萱乌龙茶的制作，采用金萱品种，于新梢长至小开面后，采一心二三叶或对夹叶，按照轻发酵乌龙茶的制作工艺，经晒青、晾青、摇青、杀青、揉捻、初烘、包揉、复烘而成。用金萱品种制成的乌龙茶，因具奶香味而著称。

茶汤　金黄明亮

叶底　绿底微红边

大禹岭高山乌龙茶

浓厚甘爽·香气持久

🍃 特征

茶形状：紧结重实、半球状
茶色泽：砂绿
茶汤色：金黄明亮
茶香气：清香（带梨花香味）
茶滋味：浓醇爽口
茶叶底：绿底微红边
产　地：台湾花莲县
　　　　大禹岭及周边的
　　　　高山地区

干茶 紧结重实

茶汤 金黄明亮

叶底 绿底微红边

新创名茶，属乌龙茶。20世纪80年代以后开发的高山乌龙茶之一。得天独厚的自然环境，形成了大禹岭高山乌龙茶的特有品质。

大禹岭高山乌龙茶采用青心乌龙茶品种之鲜叶为原料，按轻发酵乌龙茶制作工艺，经晒青、晾青、摇青、杀青、揉捻、初烘、包揉、复烘而成。由于大禹岭茶园地势很高，气温较低，因而采摘期很晚，迟至5月间才有茶可采。大禹岭茶具有高山乌龙茶的基本特征，其外形紧结，身骨重实，茶汤浓厚甘爽，无论冷热都具香气，且特别耐冲泡，4至5泡仍有茶香。

玉临春乌龙茶

乌龙茶

汤色金黄·醇厚怡人

 特 征

茶形状：紧结、半球形
茶色泽：砂绿
茶汤色：金黄明亮
茶香气：清香持久
茶滋味：醇厚甘爽
茶叶底：绿底、红边明显
产　地：台湾南投县
　　　　鹿谷乡

干茶 紧结半球形

茶汤 金黄明亮

新创名茶，属轻发酵乌龙茶。20 世纪 90 年代由台湾云山茶叶研制有限公司开发。

南投县鹿谷乡是台湾冻顶乌龙的主要产地。玉临春乌龙茶产地海拔在 500 米以上，基本制法与冻顶乌龙茶相似，以青心乌龙品种鲜叶为原料，在芽梢生长至小开面后，摘心下二三叶之芽叶，采用轻发酵乌龙茶加工工艺，经晒青、晾青、摇青、杀青、轻揉、初烘、多次团揉、复烘、再焙火等多道工序制成。

玉临春乌龙茶的发酵程度为 30% 左右。成茶外形紧结，重实，呈砂绿色；汤色金黄，清香怡人。

叶底 绿底有红边

乌龙茶

阿里山乌龙茶

花香明显·滋味醇厚

茶形状：紧结、半球形
茶色泽：砂绿
茶汤色：蜜黄明亮
茶香气：浓郁
茶滋味：浓醇爽口
茶叶底：绿底、微红边
产　地：台湾嘉义县
　　　　阿里山乡等地

干茶 紧结半球形

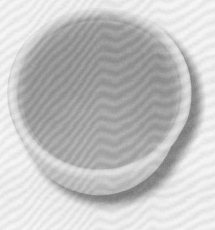

茶汤 蜜黄明亮

属半球形乌龙茶。台湾中部、南部，特别是一些山区，建房机会少，地价低廉，同时高山区茶叶品质相对较好，阿里山等山区茶园就应运而生了。

阿里山乌龙茶产自海拔 1200 ~ 1400 米的高山，以清心乌龙茶品种鲜叶为原料，采用半球形包种茶加工工艺，经晒青、晾青、摇青、杀青、揉捻、初烘、包揉、复烘而成。

阿里山茶具台湾高山乌龙茶的基本特征，较耐冲泡，花香明显，外形重实，滋味醇厚，品质优异，普遍受到饮茶人士的喜爱。

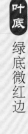

叶底 绿底微红边

木栅铁观音 乌龙茶

甘醇回韵·有果实香

台北

台湾

干茶　卷曲成球

茶汤　深黄明亮

　　历史名茶，属乌龙茶。木栅铁观音在台湾已有一百多年的历史。虽在南投的名间乡等地也有种植，但以木栅所产为地道。

　　木栅铁观音选用铁观音正统品种，一年采收四次，其制法与半球形包种茶类似。特点是茶叶经初烘未达足干时，用方形布块包裹，揉成球形，并轻轻用手在布包外转动揉捻，再将布揉茶包放入"文火"的焙笼上慢慢烘焙，使茶叶形状弯曲紧结。如此反复焙揉多次，茶中成分借焙火温度转化其香和味，经多次冲泡，仍芳香甘醇而回韵。

叶底　叶片完整

四、黄茶

黄茶，基本茶类之一，属轻发酵茶。起始于西汉，距今已有两千多年历史。主产于浙江、四川、安徽、湖南、广东、湖北等省。

黄茶的基本工艺近似绿茶，但在制造过程中，揉捻前或揉捻后，或在初干前或初干后加以焖黄，因此成品茶具黄汤黄叶的特点。

根据黄茶所用鲜叶原料的嫩度和大小分为黄芽茶、黄小茶和黄大茶三类。黄芽茶，以单芽或一芽一叶初展鲜叶为原料制成的黄茶，其品质特点是单芽挺直，冲泡后每棵芽尖朝上，直立悬浮于杯中，很有欣赏价值。主要品种有君山银针、蒙顶黄芽、莫干黄芽等。黄小茶，是以一芽二叶的细嫩芽叶为原料制成的黄茶，其品质特点是条索细紧显毫，汤色杏黄明净，滋味醇厚回爽，叶底嫩黄明亮，主要品种有鹿苑茶、平阳黄汤、沩山毛尖、北港毛尖等。黄大茶，是用一芽二三叶至一芽四五叶的鲜叶为原料制成的黄茶，这类茶的品质特点是叶肥梗壮，梗叶相连成条，色金黄，有锅巴香，味浓耐泡。主要品种有霍山黄大茶、广东大叶青茶等。

黄茶主销国内各大、中城市及农村，君山银针等高档黄茶也有少量销往港澳地区和日本。

泰顺黄汤

香高深远·甜醇爽口

特征

茶形状：条索匀整、
　　　　白毫显露
茶色泽：金黄油润
茶汤色：橙黄明亮
茶香气：清高深远
茶滋味：甜醇爽口
茶叶底：嫩黄完整
产　地：浙江省泰顺县
　　　　五里牌一带

 干茶 条索匀整

历史名茶，属黄茶，始于清乾隆、嘉庆年间，已有 200 余年历史，清嘉庆十五年列为贡茶。抗日战争期间工艺失传。1978 年恢复原工艺。

泰顺黄汤茶鲜叶原料在清明前一周选用彭溪早茶、五里牌果茶、东溪早茶等地方良种的一芽一二叶芽梢，摊放后经杀青、揉捻、焖堆、初烘、复焖、复烘、足火等工序加工而成。其炒制技术考究，焖堆是形成黄汤的重要工序，时间约 10 ~ 15 分钟，摊凉后进行初烘，补烘至七八成干，进行复焖，最后进行复烘和足火烘干。成品茶的品质特点有"三黄一高"之说，即干茶、茶汤、叶底均呈金黄、橙黄色，香气清高。

 茶汤 橙黄明亮

 叶底 嫩黄完整

218

 莫干黄芽

清香幽雅·鲜爽醇和

 特 征

茶形状：细如雀舌、
　　　　芽壮显毫
茶色泽：绿润微黄
茶汤色：嫩黄清澈
茶香气：清香幽雅
茶滋味：鲜爽醇和
茶叶底：嫩黄成朵
产　地：浙江省德清县
　　　　莫干山区

干茶　细如雀舌

茶汤　嫩黄清澈

叶底　嫩黄成朵

　　历史名茶，古称莫干山芽茶。属黄茶自宋以来均有莫干山盛产茶叶的记载。清末尚见于市场，后渐湮没。1979年恢复生产。

　　莫干黄芽的制作，采摘一芽一叶展开至一芽二叶初展之鲜叶，经摊放、杀青、揉捻、焖黄、初烤、锅炒、足烘等工序制成。揉捻后的湿坯焖黄过程，是区别于绿茶的不同之点。莫干黄芽的品质特点是黄汤黄叶。由于其香气清高幽雅，味鲜爽而醇和，自然品质优秀，因而在1980～1982年连续三年被浙江省农业厅评为一类名茶，成为浙江省第一批级名茶。

霍山黄芽

香气清幽 · 鲜醇回甜

特征

茶形状：似雀舌
茶色泽：润绿泛黄、
　　　　细嫩多毫
茶汤色：稍绿黄而明亮
茶香气：清幽高雅
茶滋味：鲜醇回甜
茶叶底：黄绿嫩匀
产　地：安徽省霍山县
　　　　东淠河上游的
　　　　金鸡山等地

安徽省

合肥

霍山

干茶 形似雀舌

始于唐，兴于明清。霍山黄芽长期只闻其名不见其茶，技术早已失传。1971年经研制恢复了黄芽茶的生产。传统的霍山黄芽属黄茶类，而恢复后的霍山黄芽，其生产工艺和品质更接近于绿茶。霍山黄芽每年在谷雨前后采摘一芽一叶或二叶初展之鲜叶，采用杀青、初烘、摊凉、复烘、摊放、足烘等工艺制成。

霍山黄芽外观色泽润绿泛黄，过去一直归于加工工艺，据今研究与品种有关。适制黄芽茶的大化坪金鸡种，叶色浅绿，特级黄芽一芽一叶初展外观油润显金黄色，因此，成茶自然呈黄绿色。

茶汤 绿黄而明亮

叶底 黄绿嫩匀

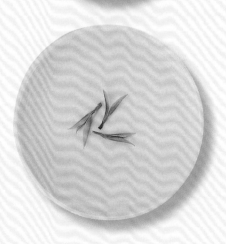

黄茶

君山银针

清香浓郁·甘甜醇和

干茶 芽壮挺直

茶汤 杏黄明净

叶底 黄亮匀齐

历史名茶，属黄茶。始于唐代，唐代称为"黄翎毛"，宋代称为"白鹤茶"，清代有"尖茶"和"茸茶"之分，称为"贡尖"和"贡"。君山银针以银针1号品种的单芽为原料，制作包括：摊青、杀青、摊凉、初烘、摊凉、初包（焖黄）、复烘、摊凉、复包（焖黄）、足火和拣选等工艺流程。因色、香、味、形俱佳，芽头金黄，有"金镶玉"的美称。用玻璃杯冲泡，茶水杏黄明净，开始芽头悬空挂立，如万笔书天；随着茶芽吸水而徐徐下降，竖于杯底，似春笋出土，三起三落，水光茶影，浑为一体，令人赏心悦目，叹为观止。

蒙顶黄芽

甜香浓郁 · 滋味甘醇

特征

茶形状：扁平挺直、满披白毫
茶色泽：嫩黄油润
茶汤色：黄亮
茶香气：甜香浓郁
茶滋味：甘醇
茶叶底：嫩黄匀齐
产　地：四川省名山县蒙山

四川省
名山 • ◎成都

干茶 扁平挺直

于 1959 年恢复生产的历史名茶，属黄茶。蒙顶黄芽是蒙顶茶系列产品中的一种，起源于西汉年间，历史上曾列为贡茶。有关蒙山茶叶的传说不少，如相传在西汉末年，名山邑人吴理真种茶树七株于上清峰，茶树"高不盈天，不生不灭"，能治百病，人称"仙茶"。

蒙顶黄芽于春分前后采摘单芽和一芽一叶初展之鲜叶，要求芽头肥壮，大小匀齐，制作包括杀青、初包（焖黄）、二炒、复包、三炒、摊放、整形、提毫、烘焙等工艺流程。初包与复包工艺是形成蒙顶黄芽、黄汤、黄叶主要特征的关键工艺。

茶汤 汤色黄亮

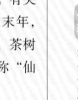

叶底 嫩黄匀齐

五、白茶

　　白茶，基本茶类之一，是一种表面满披白色茸毛的轻微发酵茶。由宋代绿茶三色细芽、银丝水芽演变而来。产于福建省的福鼎、政和、松溪、建阳等地。

　　白茶的主要制品有白毫银针、白牡丹、贡眉和寿眉等。白茶对鲜叶原料要求严格，适制白茶的品种多为中叶种或大叶种，芽头肥大而壮实，芽叶上的茸毛密集而不易脱落。制造白毫银针的鲜叶一般只采肥壮的单芽，或采一芽一二叶后，再进行"剥针"，将芽与叶分离，单芽用作制造白毫银针，叶片用于制作贡眉与寿眉。制作白牡丹的鲜叶原料是初展的一芽二叶。

　　白茶的加工方法特殊而简单，既不杀青，也不揉捻与发酵，只有萎凋、干燥两个过程。萎凋是一个失水过程，同时芽叶内进行一系列物质转化，散发青草气，形成花香。白茶萎凋方法有日光萎凋、自然萎凋和加温萎凋等三种。三种萎凋方法以室内自然萎凋为最好，日光萎凋必须选择太阳不很猛烈且有微风的天气进行，日光过于强烈，温度过高，易引起红变发暗。加温萎凋控制室温在28℃～30℃之间，不宜超过32℃，也不宜低于20℃，相对湿度65%～70%，适当通风。干燥有直接阴干、晒干和烘干几种方法，直接阴干者，当萎凋初干达八成时，进行并筛，进一步阴干达九成时收藏。晒干者，当天晒不干，第二天可续晒。如遇阴雨天，需及时烘干，不可久摊不干。烘干者，一般要求萎凋初干达七八成干后，再行焙干。

　　白茶主要销往东南亚各国，近年来美国也有一定销量。

政和白毫银针 白茶

毫香新鲜·醇厚爽口

特 征

- 茶形状：芽壮肥硕、挺直似针
- 茶色泽：毫多毫白如银、银绿有光泽
- 茶汤色：浅黄
- 茶香气：毫香新鲜
- 茶滋味：醇厚爽口
- 茶叶底：嫩匀完整、色绿
- 产 地：福建省政和县

政和•
福州◎
福建省

干茶 芽壮肥硕

历史名茶，属白茶。创制于清嘉庆初年，初以群体品种菜茶的壮芽为原料制成。1880年前后政和县选育出政和大白茶良种茶树，芽壮而多茸毛，适制白茶。此后，渐渐以政和品种代替了菜茶。

政和白毫银针采摘政和大白茶树良种的春芽为原料，一般在3月下旬至清明节前，采摘一芽一叶初展之鲜叶，剥离出茶芽，俗称"剥针"。仅以肥芽供制银针，而叶片则另制他茶。白茶制作工序简易，分萎凋、干燥二道工序。政和白毫银针从1891年起就有外销。目前主销港、澳地区。

茶汤 浅黄

叶底 嫩匀色绿

白茶

白牡丹

毫香明显·茶性清凉

特 征

茶形状：绿叶夹银白毫心
茶色泽：深灰绿
茶汤色：杏黄
茶香气：毫香明显
茶滋味：鲜醇
茶叶底：叶张肥嫩、芽叶
　　　　连枝、叶底浅绿
产　地：福建省建阳、
　　　　政和、松溪、
　　　　福鼎

干茶

形似花朵

茶汤

杏黄

白牡丹采摘政和大白茶、福鼎大白茶和水仙品种茶树的鲜叶原料，要求芽白毫显，芽叶肥嫩。传统采摘大白茶品种的一芽二叶，并要求"三白"，即芽及第一、第二叶带有白色茸毛。一般只采春茶一季，分萎凋与干燥二大工序制成。

白牡丹的加工不经炒揉，叶态自然，成品色泽深灰绿，外观色泽似绿茶，而实质上已经过一定程度的发酵。因此香味醇和，比红茶耐泡又无绿茶的涩感。白牡丹茶性清凉，有退热降火之功效，是暑天佳饮，也是东南亚地区夏天的主要饮料。

叶底

叶脉微红

福安白玉芽

毫香鲜爽·鲜醇爽口

特征

茶形状：茶芽肥壮、
挺直似剑
茶色泽：银灰毫多、清白如银
茶汤色：浅黄
茶香气：毫香显、清鲜纯爽
茶滋味：鲜醇爽口
茶叶底：嫩绿柔软、
单芽完整
产　地：福建省福安市
社口茶区

干茶
茶芽肥壮

白玉芽以色白如玉、形状似剑而得名。其制法与福鼎白毫银针制法相似，采下的茶芽置于阳光下，暴晒1天可达八九成干，剔除展开的青色芽叶，再用文火烘焙至足干，即可储藏。烘焙时，烘心盘上垫衬一层白纸，以防火温灼伤茶芽，使成茶毫色银白透亮。

白玉芽外形芽肥毫壮，白毫密披，色银洁白，叶底嫩绿，是介于白毫银针与白牡丹之间的一种白茶，而内质已接近于烘青绿茶。香气鲜爽，显毫香，滋味鲜醇，汤色浅黄明亮，叶底嫩绿肥软，冲泡时朵朵茶芽竖立飞舞，上下沉浮，有起有落，奇景万千，给人一种美好享受。

茶汤
浅黄

叶底
嫩绿柔软

银针白毫

白茶

毫白如银 · 滋味鲜醇

🍃 特 征

茶形状：单芽匀整、
　　　　条秀如针
茶色泽：洁白如银
茶汤色：杏黄
茶香气：毫香显
茶滋味：鲜醇回甘
茶叶底：肥嫩柔软
产　地：福建省
　　　　闽东各县

干茶　条秀如针

茶汤　杏黄

叶底　肥嫩柔软

银针白毫以福鼎大白茶鲜叶为原料，闽东银针制法与政和银针不同，系直接采摘福鼎大白茶树壮芽进行加工。方法是将采回的茶芽直接薄摊于水筛或萎凋帘内（不经抽针），置阳光下曝晒1天，达八九成干，剔除展开的青色芽叶，再用文火烘焙至足干，即成毛茶。毛茶的精加工比较简单，经筛分、复火，成品茶趁热装箱，即可上市出售。

银针白毫形状如针、毫白如银，滋味鲜醇，如泡入透明的玻璃杯中，枚枚银芽，悬空交错，亭亭玉立，蔚为奇观。银针白毫为中国白茶之精品，深得海内外消费者青睐。

六、黑茶

黑茶属后发酵茶，是中国特有的茶类，生产历史悠久，产于云南、湖南、湖北、四川、广西等地。主要品种有云南的普洱茶、湖南的黑毛茶、湖北的老青茶、四川的南路边茶与西路边茶、广西的六堡茶等。其中云南的普洱茶古今中外久负盛名。

大多数黑茶采用较粗老的原料，经过杀青、揉捻、渥堆和干燥等工序加工而成。渥堆是决定黑茶品质的关键工序。渥堆时间长短，程度轻重，会使成品茶的品质风格有明显的差别。

黑茶外形粗大，色泽黑褐，粗老，气味较重，常作紧压茶的原料；如黑毛茶是压制黑砖茶、花砖茶、茯砖茶和湘尖茶的原料；老青茶常作压制青砖茶的原料；六堡茶则是压制篓装紧压六堡茶；南路边茶压制康砖和金尖，西路边茶作压制方包茶和圆包茶的原料；普洱茶除散装茶外，还压制沱茶、方砖和七子饼茶等。

黑茶压制成的各种砖茶、沱茶、饼茶等紧压茶是中国许多少数民族不可缺少的饮料，而普洱茶、六堡茶除内销、边销外，远销港澳地区和日本、东南亚各国，深受各地人民的青睐。

黑毛茶

滋味醇厚·带松烟香

特 征

茶形状：条索粗卷、欠紧结
茶色泽：黄褐
茶汤色：橙黄微暗
茶香气：醇厚、略带松烟香
茶滋味：醇厚
茶叶底：黄褐
产　地：湖南省安化
　　　　桃江、沅江等地

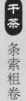

干茶　条索粗卷

茶汤　橙黄微暗

　　属黑茶类，通常作为紧压茶的原料。生产于湖南省安化、桃江、沅江、汉寿、宁乡、益阳和临湘等地。

　　黑毛茶的原料比较粗老，一般都要新梢长到一芽四五叶或对夹叶时才开采，一年四季均可采摘，其采摘时间较长。在谷雨前采摘者为春茶，芒种前后采摘者为仔茶，稻谷开花时采摘者为禾花茶，白露前后采制者为白露茶。黑毛茶的加工，分杀青、揉捻、渥堆、复揉、干燥等五道工序。黑毛茶经再加工，可压制成黑砖茶、花砖茶、茯砖茶和湘尖等不同产品。主销新疆、青海、甘肃和宁夏等地。

叶底　黄褐

宫廷普洱礼茶

陈香浓烈·滋味醇厚

🍃 特 征

茶形状：条索细紧匀称、
　　　　显毫
茶色泽：乌褐油润
茶汤色：红浓
茶香气：陈香
茶滋味：浓厚醇和
茶叶底：细嫩、呈猪肝色
产　地：广东省顺德市

广东省
顺德 广州

干茶 细紧匀称

新创名茶，黑茶类，普洱散茶。1992年由广东省顺德市云峰土产茶叶公司研制开发。宫廷普洱礼茶是一种高级普洱茶，以云南临沧、西双版纳地区云南大叶种晒青毛茶为原料，经泼水渥堆（后发酵）、干燥筛制后，取芽尖茶制成。制成后在干燥阴凉处贮存一定时间，待陈香浓烈时再上市出售。

由于其原料细嫩，陈香浓烈，滋味浓醇，汤色红浓，自1992年问世以来，在广州市等地试销，深受消费者的欢迎，并在特种名茶评比中独占鳌头，在2001年中国茶叶学会举办的第四届"中茶杯"全国名优茶评比中荣获特等奖。

茶汤 红浓

叶底 呈猪肝色

重庆沱茶

陈香馥郁 · 醇厚甘和

 特 征

茶形状：半球形、呈碗臼状、松紧适度
茶色泽：青褐油润
茶汤色：橙黄明亮
茶香气：陈香馥郁
茶滋味：醇厚甘和
茶叶底：较嫩匀
产　地：重庆市

干茶 呈碗臼状

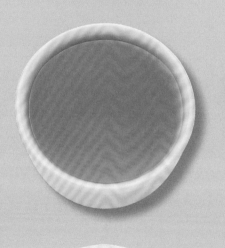

茶汤 橙黄明亮

叶底 较嫩匀

　　创制于1953年，属黑茶紧压茶，为再加工茶。据《茶谱》记载，重庆所产茶叶早在公元935年前就已列为贡品。但到清末，重庆茶业衰落，产量很少，当地主要饮用云南下关沱茶。直到下关沱茶已供不应求，1953年重庆茶厂开始生产重庆沱茶。重庆沱茶以四川、重庆所产的云南大叶种晒青、烘青、炒青为原料，制作包括原料选配整理、称料、蒸茶、加压成型、定型干燥等工艺流程。目前有50克、100克、250克三种重量规格。重庆生产的以青沱茶为主，经过精心选料，科学配方，严格操作，基本保持下关沱茶的品质风格。

普洱散茶

醇厚回甘 · 越陈越香

特 征

茶形状：条索粗壮肥大
茶色泽：褐红、叶表起霜
茶汤色：红浓明亮
茶香气：陈香
茶滋味：醇厚回甘
茶叶底：褐红、呈深猪肝色
产　地：云南省西南部
　　　　及下关一带

下关·
·昆明
云南省

干茶 粗壮肥大

云南省南部澜沧江流域是普洱茶的主产区，因集散于普洱（府）县，故称"普洱茶"。通常分为普洱散茶和普洱紧茶两大类。普洱散茶是用云南大叶种之鲜叶，经杀青、揉捻、晒干的晒青毛茶，再经渥堆筛制分级的商品茶，外形条索肥硕，色泽褐红。普洱紧茶是由普洱散茶经蒸压塑型而成，外形端正、匀整，松紧适度。云南普洱茶性温味和，耐贮藏，有越陈越香、越陈品质越好的特点，适于烹用或泡饮，男女老少皆宜，不仅可解渴、提神，还具有醒酒清热、消食化疾、清胃生津、抑菌降脂、减肥降压等药理作用。

茶汤 红浓明亮

叶底 深猪肝色

陈香普洱茶

浓厚醇和·陈香浓郁

特 征

茶形状：条索细紧匀称
茶色泽：红褐
茶汤色：红褐
茶香气：陈香
茶滋味：浓厚醇和
茶叶底：细嫩、猪肝色
产　地：云南省凤庆、
　　　　临沧一带

干茶 细紧匀称

茶汤 红褐

叶底 猪肝色

　　新创名茶，黑茶类，普洱散茶。于1995年由云南省百茶堂茶庄与临沧女儿绿茶厂联合研制开发。凤庆和临沧所生长的凤庆大叶种于1984年经茶树品种审定委员会认定为国家级茶树品种。

　　陈香普洱茶采自云南凤庆大叶种之一芽一二叶鲜叶，以杀青、揉捻、晒干后的晒青毛茶为原料，再经泼水渥堆干燥后直接筛制分级而成。依据其原料细嫩程度有陈香芽茶和叶茶之分。芽茶原料优于叶茶。无论陈香芽茶或叶茶，一般制成后不直接销售，而在荫凉干燥的环境中贮存3~5年，待陈香浓郁时上市，以保证其品质特征。

云南普洱沱茶

褐红浓厚·香高味醇

🌿 特 征

茶形状：似碗臼状、
　　　　紧结光滑、
　　　　白毫显露
茶色泽：褐红
茶汤色：红浓
茶香气：陈香
茶滋味：醇厚回甘
茶叶底：稍粗、深猪肝色
产　地：云南省
　　　　下关茶厂

下关·　○昆明

云南省

干茶 似碗臼状

云南普洱沱茶原产于景谷县，又名"姑娘茶"，形如月饼，1902年被试制成碗臼状。沱茶以云南大叶种晒青毛茶为原料，经后发酵、摊凉、筛分、拣剔、拼配、蒸压成型、干燥、成品包装等工序加工而成。形状似碗臼，像一个压缩了的燕窝，直径8.3厘米，高4.3厘米，每个重约100克左右。沱茶以其原料分绿茶型、红茶型、花茶型和普洱型等四类，原料均来自滇西南地区。下关生产的以普洱型为主。沱茶在饮前先需将其掰成碎块（或用蒸汽蒸热后一次性解散再晾干），每次取3克，开水冲泡5分钟后饮用，也有用碎块沱茶3克放入小瓦罐中在火膛上烤香后冲沸水烧涨后饮用的。

茶汤 红浓

叶底 深猪肝色

黑茶

青沱茶

清香馥郁·滋味回甘

🍃 特 征

茶形状：紧结端正光滑、
　　　　形似碗臼状
茶色泽：绿润
茶汤色：橙黄明亮
茶香气：清香馥郁
茶滋味：醇爽回甘
茶叶底：嫩匀明亮
产　地：云南省勐海
　　　　和下关等地

 干茶 紧结光滑

 茶汤 橙黄明亮

 叶底 嫩匀明亮

　　新创名茶，属紧压茶。青沱茶是20世纪80年代试制的一个新品种，产于勐海和下关等地。

　　勐海地处云南省最南端，土壤肥沃而深厚，且呈微酸性反应，是云南大叶种最适宜的生长地区。青沱茶原料来源于滇西凤庆等地。青沱茶采用云南大叶种晒青毛茶为原料，经筛拣后拼堆，不经过渥堆直接蒸压成型，干燥而成，实质上是一种晒青绿茶型的沱茶。

　　青沱茶，其外形紧结，形状如碗，清香馥郁，滋味回甘，既可解渴提神，又能帮助消化，并有一定疗效，有益健康。

普洱茶砖

陈香诱人·滋味醇浓

特征

茶形状：长方形、棱角整齐、压痕清晰光滑、紧厚结实
茶色泽：褐红
茶汤色：深红褐色
茶香气：陈香
茶滋味：醇和
茶叶底：深猪肝色
产　地：云南省勐海、德宏自治州

干茶　紧厚结实

茶汤　深红褐色

　　历史名茶，属黑茶紧压茶。普洱茶砖是普洱茶的一个品种，由蒸团茶演变而来，原为带柄的心脏形紧茶，1957年为施行机械加工和方便运输，改为砖形。

　　普洱茶砖以云南大叶种晒青毛茶为原料，经筛分、风选、拣剔，制成筛号茶半成品，再拼配成盖茶和里茶，在压制前分别泼水渥堆。

　　渥堆后，按盖茶和里茶比例，折算水分分别称重、上蒸、模压，成型并趁热脱模进行干燥。成茶用牛皮纸包装，每块重250克。

叶底　深猪肝色

黑茶

云南贡茶

色泽褐红·陈香纯正

🍃 特 征

茶形状：棱角整齐、
　　　　压痕清晰、
　　　　紧厚结实、呈正方形
茶色泽：褐红
茶汤色：深红褐色
茶香气：陈香纯正
茶滋味：醇浓
茶叶底：深猪肝色
产　地：云南省勐海、
　　　　德宏自治州

干茶 紧厚结实

茶汤 深红褐色

历史名茶，属黑茶紧压茶。贡茶是云南普洱茶的一个品种，由滇南部勐海县境内的勐海茶厂和德宏傣族景颇族自治州的特种茶厂生产。由明代普洱团茶和清代的女儿茶演变而来，原为带柄的心脏形紧茶，1957年为施行机械化加工和方便包装运输，改心脏形为方块形。普洱贡茶以云南大叶种晒青毛茶为原料，经风、筛、拣制成筛号茶后，再拼配成盖茶和里茶，在压制前分别泼水渥堆进行后发酵。与其他黑茶相比较，方形贡茶渥堆泼水量少，时间短，变化程度也较轻。渥堆后按盖茶和里茶比例，称重、上蒸、模压成型、干燥而成。

叶底 深猪肝色

七子饼茶 黑茶

纯正陈香·寓意吉祥

特 征

茶形状：紧结、圆整、显毫
茶色泽：褐红
茶汤色：深红褐色
茶香气：纯正、陈香
茶滋味：醇浓
茶叶底：深猪肝色
产　地：云南省易武、勐
　　　　海、景东及下
　　　　关等

干茶 紧结圆整

历史名茶，属黑茶紧压茶。七子饼茶是云南普洱茶的一个品种，以云南大叶种晒青毛茶为原料，经筛分、拼配、渥堆、蒸压而成，其渥堆程度较重。目前云南的七子饼茶有熟饼和青饼两个系列，熟饼为普洱茶类成型茶，青饼为大叶青茶类成型茶。

七子饼茶过去是民族地区多作嫁娶用的彩礼和逢年过节赠送亲友之礼物使用，七子为多子多孙多富贵之意，寓意喜庆团圆和吉祥。港澳同胞和旅居东南亚一带的侨胞，也都盛行这一习俗。

茶汤 深红褐色

叶底 深猪肝色

黑茶

云南龙饼贡茶

醇厚浓郁·红浓明亮

特 征

茶形状：圆饼型、紧结 端正光滑
茶色泽：褐红
茶汤色：深红褐色
茶香气：陈香
茶滋味：醇浓
茶叶底：深猪肝色
产　地：云南省下关、 勐海、德宏 自治州等地

干茶 端正光滑

茶汤 深红褐色

叶底 深猪肝色

　　龙饼贡茶是云南普洱饼茶的一个品种，由宋代"龙凤团茶"演变而来。龙饼贡茶为圆饼型，规格为：直径 11.6 厘米，边厚 1.3 厘米，每块重 125 克，4 块为一筒，75 筒为一件，净重 37.5 千克，用 63 厘米 ×30 厘米 ×60 厘米内衬笋叶的竹篮包装。饼茶以大叶晒青毛茶为原料，加工方法与普洱茶砖、云南贡茶等基本相同。

　　龙饼贡茶的内质特点是：汤色红浓明亮，香气独特陈香，叶底褐红色，滋味醇厚浓郁，饮后令人心旷神怡。宋代王禹有诗赞曰："香于九畹芳兰气，圆如三秋皓月轮。爱惜不尝唯恐尽，除将供养白头亲。"

梅花饼茶 黑茶

陈香醇浓·可为药用

🍃 特 征

茶形状：紧结、圆饼型、
　　　　端正光滑
茶色泽：褐红
茶汤色：深红褐色
茶香气：陈香
茶滋味：醇浓
茶叶底：猪肝色
产　地：云南省下关、
　　　　勐海及德宏
　　　　自治州等地

干茶 紧结光滑

　　历史名茶，属黑茶紧压茶。梅花饼茶是云南普洱饼茶的一个品种，由宋代"龙凤团茶"演变而来。目前主要生产厂家是大理的下关茶厂、勐海茶厂及德宏自治州的特种茶茶厂。梅花饼茶为圆饼型，其标准规格为：直径 10 厘米，边厚 4 厘米，每块重 100 克。

　　饼茶以大叶晒青毛茶为原料，加工方法与普洱茶砖、普洱贡茶基本相同。梅花饼茶性温和，耐贮藏，不仅可解渴、提神，还可作药用。近年来，经医学界研究，并通过临床实验，证明普洱茶有抑菌作用，特别是将茶叶分量加重煎浓，饮后对治疗细菌性痢疾有良好作用。

茶汤 深红褐色

叶底 猪肝色

黑茶

玫瑰小沱茶

玫瑰花香·醇厚回甘

 特 征

茶形状： 似碗臼状、
　　　　 紧结端正光滑
茶色泽： 褐红
茶汤色： 红浓
茶香气： 玫瑰花香
茶滋味： 醇厚回甘
茶叶底： 深猪肝色
产　地： 云南省昆明及
　　　　 下关、凤庆
　　　　 等地

干茶　似碗臼状

下关
凤庆 · 昆明
云南省

茶汤　红浓

叶底　深猪肝色

　　新创名茶，属黑茶紧压茶。云南沱茶原产景谷县，后流入下关，并扩大到临沧、凤庆、南涧、昆明等地。沱茶一般分每坨净重100克、125克和250克等几种不同规格，但使用不便。近年来，为便于消费者冲泡，昆明、下关和凤庆等地茶厂又创制了几种小型沱茶。

　　玫瑰小沱茶是花茶型沱茶之一种，采用优质普洱茶为原料，在蒸压过程中添加玫瑰花而成。有3克与5克两种规格，分别适合杯泡或壶泡，其形体小巧，便于携带，口味纯正，具花香等特点，同时玫瑰花具理气解郁和活血散淤的药理功能，故投放市场后颇受消费者的欢迎。

菊花小沱茶 黑茶

口味纯正 · 具菊花香

特征

茶形状：似碗臼状、紧结端正光滑
茶色泽：青褐
茶汤色：褐红
茶香气：菊花香
茶滋味：醇厚回甘
茶叶底：猪肝色
产　地：云南省下关、昆明、凤庆、勐海等地

干茶 似碗臼状

新创名茶，属黑茶紧压茶。一直以来云南沱茶的规格是净重100克、125克和250克，个形大，使用不便。菊花小沱茶是近年来下关、昆明及凤庆等地茶厂开发的一个新品种，有3克和5克两种规格，分别适应杯泡或壶泡。

采用优质普洱茶为原料，在压制过程添加菊花窨制而成。其形体小巧，便于携带，口味纯正，具菊花香等特点，同时菊花具清热明目的药理功能，因此投放市场，颇受消费者的欢迎。

茶汤 褐红

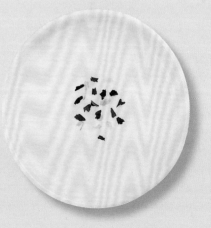

叶底 猪肝色

黑茶

潞西竹筒香茶

甜竹清香·鲜爽甘醇

特征

茶形状：圆柱状
茶色泽：青褐色
茶汤色：橙红明亮
茶香气：有竹叶清香
茶滋味：鲜爽甘醇
茶叶底：嫩黄明亮
产　地：云南省潞西县及
　　　　西双版纳州的勐
　　　　海、文山州
　　　　广南县等地

干茶　圆柱状

茶汤　橙红明亮

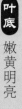

叶底　嫩黄明亮

　　历史名茶，是云南省潞西南宝茶厂生产的一种紧压绿茶或紧压普洱茶。竹筒香茶是云南省特产，拉祜语叫"瓦结那"，是拉祜族和傣族别具风格的一种饮料。潞西生产的竹筒香茶，分别用云南大叶种的晒青毛茶或普洱茶为原料，经蒸软后立即装入事先准备好的新鲜嫩甜竹筒内以文火烘烧。

　　用青毛茶制成的为"香竹筒青茶"，用普洱茶制的称"香竹筒普洱茶"。前者清香味鲜，汤色橙红，叶底嫩匀；后者清香味浓，汤色褐红。这种竹筒香茶，既有茶叶的醇厚茶香，又有浓郁的甜竹清香，饮后令人浑身舒服，既解渴，又解乏。

柚子果茶 黑茶

酸果甜香 · 酸甜醇厚

凤庆 · 昆明
云南省
勐海 ·

干茶 扁平均匀

柚子果茶，属黑茶紧压茶，是以普洱茶混合柑橘类果汁肉及中药材，经压制干燥而成的一种果茶。

其制法是选用熟度适中的柑或柚子，以盐水清洗，切开顶部果帽，挤出果汁肉，留下完整果壳，将取出的果肉混入普洱散茶以及少量中药材，如甘草、杜仲、佛手等，经充分拌和后，再回填入原来的果壳中，盖上果帽，用麻索捆绑。经蒸煮杀菌、初干、挤压、静置、再蒸、再压、再干至约减重50%后，即已制成，前后过程约需20天左右。

柚子果茶具有止咳化痰、预防感冒及增强食欲之效。

茶汤 深褐色

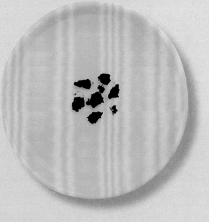

叶底 黑褐均匀

酸柑果茶

酸甘爽口·提神清气

干茶 具棱角球形

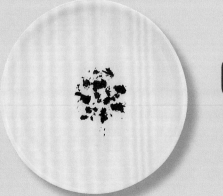

茶汤 橙褐明亮

叶底 呈黑褐色

 特 征

茶形状：扁平均匀、
　　　　具棱角球形
茶色泽：外表漆黑光润
茶汤色：橙褐明亮
茶香气：酸果蜜糖香
茶滋味：酸甜醇厚
茶叶底：黑褐
产　地：台湾桃园、新竹、
　　　　苗栗、台东、
　　　　花莲等山区

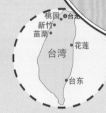

酸柑果茶，是以茶叶混合柑橘类果汁肉及中药材，加工干燥的地区性特色紧压茶。

酸柑果以熟度适中、果粒较大的为好，先用盐水清洗，于果顶切小口取下果帽，挖出果汁肉留下完整皮壳，并将取出之果肉与乌龙茶充分混合，经初干后再回填入原来之果皮壳，盖上果帽，再以白色股绳捆绑。经蒸煮杀菌、初干、挤压、静置、再蒸、再压、再干至减重50％后充分干燥完成，前后需时20天。

饮用时以沸腾热水250毫升加5～8克冰糖为最佳。避免使用铁制茶具，饮之酸甘爽口，提神清气，十分特殊。

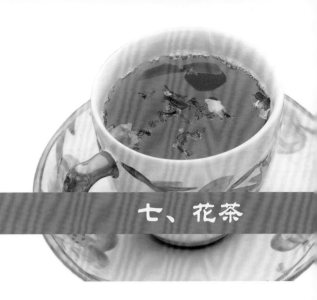

花茶，又名薰花茶、窨花茶、香片茶等，是一种茶叶和香花进行拼和窨制，使茶叶吸收花香而制成的再加工茶类。产于福建、江苏、浙江、重庆、四川、广西、湖南、云南等地。

薰花用的原料茶称茶胚或素胚，一般以绿茶为最多，少数也用红茶和乌龙茶。依据吸收香气能力强弱，素胚原料茶，烘青茶优于半烘炒茶，半烘炒茶优于炒青茶。

花茶因窨制所用的香花不同而分茉莉花茶、玫瑰花茶、白兰花茶、珠兰花茶、玳玳花茶、金银花茶、柚子花茶、桂花茶等。每种花茶，各具特色，它们中的上品茶都具有香气鲜灵、浓郁、纯正，滋味浓醇鲜爽，汤色清亮而艳丽的特点。

花茶窨制的基本工艺是：茶胚复火、玉兰花打底、窨制拼和、通花散热、起花、复火、提花、匀堆装箱等工序。

花茶主销华北和东北地区，以济南、天津、石家庄、北京、成都等城市销量最大，部分花茶外销日本、东南亚和西欧各国。

珠兰花茶

花茶

茶香隽久·沁人心脾

干茶 花干整枝成串

安徽省
合肥
歙县

茶汤 金黄明亮

叶底 嫩绿

　　历史名茶，属花茶。始于清代。珠兰属金粟兰科，花朵小，似粟粒，色金黄。每年五六月花香成熟。一般每天上午采摘，经拣剔，摊于竹匾上，散发水分，促其吐香；中午前后及时将茶与鲜花拼和窨制。配花量约5%～6%。窨制前控制茶胚水分，以保持茶与鲜花水分平衡。窨制后不复火，也不起花，及时匀堆装箱。由于珠兰花茶香隽持久，在窨制后，花香分子的挥发与茶叶对香气完全吸附，需要一段时间，这个过程需持续100天左右。据试验，在茶箱内密封贮存3个月的高级珠兰花茶，比刚窨制完毕时香气更加沁人心脾。

歙县茉莉花茶

花茶

窨制工艺·味浓香纯

特 征

茶形状：条索细紧匀整
茶色泽：褐绿
茶汤色：黄绿明亮
茶香气：浓郁纯正
茶滋味：醇浓
茶叶底：黄绿软亮
产　地：安徽省歙县

干茶　细紧匀整

历史名茶，属花茶。歙县气温冷暖适宜，雨量充沛，茉莉花生长良好。优质的茶叶原料和适于茉莉生长的气候，造就了茉莉花茶发展的环境条件。

歙县的花茶厂在1987年时，发展到159家，花茶产量达到332.5万千克，除部分是珠兰花茶外，主要是茉莉花茶。歙县茉莉花茶以歙县烘青茶为原料，应用本地栽培的茉莉花，采用茶坯处理、鲜花养护、花茶拌和、静置窨花、通花续窨、起花、烘焙、提花、匀堆装箱等十余道工序制成。

歙县茉莉花茶，以味浓、香纯和耐冲泡而著称，现已成为花茶主产地之一。

茶汤　黄绿明亮

叶底　黄绿软亮

福州茉莉花茶

历史名茶·香气纯正

福州●
福建省

特 征

茶形状：条索细紧匀整、
　　　　显毫
茶色泽：深绿
茶汤色：黄绿明亮
茶香气：纯正浓郁
茶滋味：醇厚
茶叶底：黄绿柔软
产　地：福建省福州市

干茶　细紧匀整

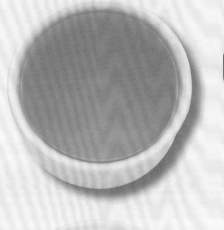

茶汤　黄绿明亮

叶底　黄绿柔软

　　历史名茶，属花茶，创制于明清年间。福州茉莉花茶除福建所产绿茶加工窨花外，还从安徽、浙江调运烘青、毛峰、大方等绿茶，在福州薰花。福州茉莉花茶的窨制程序为：茶坯处理、鲜花养护、茶花拌和、静置窨花、通花续窨、起花、烘焙、提花、匀堆装箱等十几道工序。关键在于茶坯原料要好；窨花之前需经烘焙含水量降至3%～4%，以增强吸香性能；要选朵大、饱满、洁白，当天成熟之花蕾；窨后的茶叶需经烘干，去除多余水分；提花后筛去花渣，不再烘干，以提高产品香气的鲜灵度。

茉莉龙团珠

纯正浓郁 · 滋味醇厚

 特 征

茶形状：	紧结、显毫、呈圆珠形
茶色泽：	绿润
茶汤色：	黄绿明亮
茶香气：	纯正浓郁
茶滋味：	醇厚
茶叶底：	黄绿柔软
产　地：	福建省福鼎、福安及宁德等闽东各县

干茶 呈圆珠形

采用福鼎大白茶等显毫品种茶芽（一芽一叶和二叶初展），经杀青、揉捻、烘焙、摊凉回润、反复包揉整形、烘干等工序制成龙团珠茶坯，再配以茉莉鲜花窨制而成。茉莉龙团珠的加工关键要掌握：(1) 窨花之前茶坯需烘焙；(2) 茉莉花要选朵大、饱满、洁白、当天成熟之花蕾，以午后采摘为宜，采后进行养护；(3) 当茉莉花有 90% 以上达半开时进行窨制；(4) 窨制次数和用花量，根据产品级别，每窨一次配花量在 25 ~ 36 千克（每 100 千克茶坯）之间；(5) 每次窨后必须烘干，去除多余水分；(6) 窨制结束前，还需 6 ~ 8 千克优质鲜花提花，以提高龙团珠花茶的鲜灵度。

茶汤 黄绿明亮

叶底 黄绿柔软

花茶

横县茉莉花茶

茉莉烘青·花香浓郁

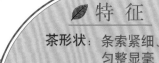

干茶　匀整显毫

广西

南宁　横县

茶汤　黄绿明亮

新创名茶，属茉莉烘青花茶。横县属南亚热带气候，年降雨 1427 毫米，年平均温度 21.5℃；土壤肥沃疏松，透气性好。近年来已开发为新的茉莉花生产基地。

横县茉莉花茶窨制工序为：茶坯处理、鲜花维护、茶花拼和、堆置窨花、通花续窨、起花、烘焙、提花、过筛、匀堆装箱等。横县茉莉花茶，在提花后一般进行过筛，目的是将茶与花干分离，弃花留茶，以免影响茶味（花蒂味苦涩）。

横县茉莉花茶条索细紧，匀整显毫，香气浓郁，上市较早，每年 4 月就有新茉莉花茶供应，因此颇受茶商和消费者的欢迎。

叶底　嫩匀黄绿

山城香茗

香气鲜灵·味纯而浓

🍃 特 征

茶形状：紧细匀整、有锋苗
茶色泽：绿黄尚润
茶汤色：绿黄明亮
茶香气：鲜浓持久
茶滋味：鲜醇爽口
茶叶底：绿黄匀亮、
　　　　细嫩有芽
产　地：重庆市
　　　　重庆茶厂

干茶　紧细匀整

新创名茶，属茉莉烘青花茶，20世纪90年代由重庆茶厂研制而成。鲜叶采自生长在巴山云雾之中的四川中小叶种和福鼎大白茶品种，采摘一芽二叶初展之鲜叶。

按烘青绿茶加工方法经杀青、摊晾、初揉、解块、初烘、摊凉、复揉、解块、足火制成茶坯，与重庆当地栽培的优质茉莉鲜花窨制成山城香茗。山城香茗一般为"三窨一提"花茶。产品香气鲜灵度好，茶味纯正而浓厚，优异的产品质量赢得了消费者的好评。

茶汤　绿黄明亮

叶底　细嫩有芽

特殊花形工艺茶

🍃 特 征

茶形状：呈花朵状
茶色泽：黄绿或翠绿
茶汤色：黄绿明亮
茶香气：既有茶香又有花香
茶滋味：醇和
茶叶底：嫩绿、形如盛开
　　　　牡丹花
产　地：福建省闽东福鼎、
　　　　安徽省黄山市

新创名茶，是一类由多个茶芽扎成形的花形茶，属烘青绿茶类。产于福建闽东福鼎和安徽黄山市等地。

花形茶大都为手工制作，于谷雨前采摘一芽一叶尚未完全展开之鲜叶，经杀青、轻揉、初烘理条、选芽装筒、造型美化、定型烘焙、足干贮藏等制造工序而成，制作难度很高。

根据花源实际情况，在制作时常选用茉莉花、百合花、山茶花、金莲花、千日红、贡菊花、金盏菊等与茶芽一起捆扎。大都是利用花的美感和药用价值，以提高茶的品味。如百合花含有人体必需的多种维生素、糖、矿物质及铁、钙等微量元素，具极高的医疗价值和食用价值；茉莉花，味辛、甘、温，理气开郁，避秽和中，对下痢腹痛、结膜炎等有较好疗效；金莲花有润肺祛风、消炎解暑作用，对治疗咽喉炎有特效；金盏菊能凉血止血，并有抗菌消炎的功能；而贡菊花则有散风热、平肝明目的作用，对治疗风热感冒、头昏目眩、目赤肿痛等有较好的疗效；千日红，味甘性平，具清肝散结和止咳定喘、养颜护肤的作用。据有关数据分析显示，茶花中的微量元素含量超越正常芽叶的含量，使其更具营养价值。

花形茶是既可饮用，又可供艺术欣赏的一种茶，沸水冲泡后，如盛开的花朵，花影茶光娇媚悦目，徐徐舒展，千姿百态，堪称一绝。饮花，让您享受时尚生活，拥有浪漫人生，更有益于您的健康。花形茶，由于形状呈花朵状，代表喜庆吉祥之意，因此常用作婚寿、礼宾招待用茶之珍品。

1 取干茶置透明杯中，冲入沸水。

2 叶片徐徐舒展。

3 包裹在叶片中的花朵也逐渐开展。

4 最后，盛开为一朵茶中花。

金莲霓裳　组成成分：金莲花

干茶

百合仙子　组成成分：金莲花

干茶

仙桃献瑞1　组成成分：茉莉花　千日红

干茶

茉莉玲珑　组成成分：茉莉花

干茶

仙桃献瑞2　组成成分：茉莉花

干茶

茉莉花蕾　组成成分：茉莉花

干茶

金盏银花

组成成分：金盏菊　金菊花

干茶

丹桂百合

组成成分：百合花

干茶

三色花

组成成分：千日红　贡菊花

干茶

花开富贵

组成成分：茶花

干茶

第7章
泡 茶

好的茶叶，要搭配适当的泡茶法，

才能冲泡出色、香、味俱佳的好茶。

水质、茶具、茶与水的比例、冲泡时间……

每一环节都会影响茶汤的好坏。

茶道表演者简历

王玉雯，1983年2月出生，毕业于上海海艺学校茶艺班，于2003年取得高级茶艺师职称，并多次为中外宾客表演茶道。曾先后到摩洛哥、法国、香港地区等地进行茶道表演。2002年在上海召开五国元首会议期间，为元首夫人们表演茶道，获得一致好评。

泡茶人人都会，但并非都能泡出好茶。要泡出一杯色、香、味俱佳的好茶，首先要选择优质的水；其次，选择合适的茶具；第三，在冲泡过程中，掌握水温、茶与水的比例、冲泡时间等。

明人张大复在《梅花草堂笔谈》中说："茶性必发于水，八分之茶，遇十分之水，茶亦十分矣；八分之水，试十分之茶，茶只有八分耳。"说明泡茶用水的选择相当重要。按现代科学分类，水可分为硬水和软水，泡茶用水以软水为宜。矿泉水和纯净水是泡茶的好水；自然界中无污染的天然泉水，也非常适合用作泡茶的水；远离人口密集的江、河、湖水，不失为沏茶好水；自来水需经过除氯处理；因为现代空气污染严重，雪水和雨水不一定是好水了。

不同的茶需选择与之匹配的茶具来冲泡。茶具分陶器、瓷器、玻璃器具、塑料茶具、搪瓷茶具等。陶器茶具质地细腻柔韧、渗透性好，用它泡茶，既不夺茶之香又无熟汤气，能较长时间保持茶叶固有的色、香、味，适合冲泡乌龙、普洱茶等；瓷器茶具，质地坚硬致密，表面光洁，吸水率低，适合冲泡红茶、绿茶、花茶等；玻璃器具质地透明，是冲泡名优绿茶、白茶、黄茶的理想茶具；而塑料茶具、搪瓷茶具是下下选择。

用茶量与冲水量有一定的比例，红茶、绿茶、花茶一般1克茶冲以50～60毫升的水，乌龙茶投茶量要多些，大致是壶容积的1/3～1/2为好。

不同的茶冲泡的水温应有所不同，高档名优绿茶，由于比较细嫩，一般用80℃左右的开水；乌龙茶叶张较大，而普洱茶一般是用紧压茶型，因此要用100℃的开水冲泡；花茶和大宗红绿茶用90℃左右的水就可以了。

泡茶时间与用茶量、水温有关，用茶量大，水温高，冲泡时间可缩短；用茶量小、水温低，冲泡时间可延长。

在本章中，将会以图片依序说明大茶壶泡茶法、玻璃杯泡茶法、盖碗泡茶法以及小茶壶泡茶法。

茶 具 介 绍

茶盘 用以盛放茶杯或其他茶具的盘子。

玻璃杯 品茗所用的杯子。

盖碗杯 连托带盖的茶碗。

水盂 盛接弃茶水的器皿。

茶船 盛放茶壶、茶杯的器具，当水从壶中溢出时，可将水接住（碗状和双层茶船）。

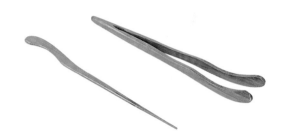

茶针与茶夹 用来清理茶壶内的茶叶底。

茶壶 用来泡茶的主要器具，有白瓷茶壶和紫砂茶壶等。

茶巾 用来擦干茶具底部的水分。

茶匙 可将茶叶直接拨入茶壶。

茶则 从茶罐中取茶叶放入壶中的器具。

水壶 煮水用的壶，常见是不锈钢，也有用陶土或玻璃制成。

公道杯 分茶用具，使茶汤均匀一致。

茶筒 内可插茶匙、茶则、茶漏等的竹器。

茶漏 置茶时，放于壶口上，方便导茶入壶。

茶罐 放茶叶的器具。

一、大茶壶泡茶法

大茶壶，我们指的是体积稍大的陶质或瓷质茶壶，可用来冲泡大宗红茶、大宗绿茶，中、低档花茶等。以大宗绿茶为例，冲泡程序为布具→温壶→温杯→置茶→冲泡→分茶→奉茶。

1 布具：准备瓷茶壶、白瓷小茶杯。

4 冲泡：水温以 90℃～95℃ 为宜，用回旋高冲的手法将水冲至满壶。

2 温壶、温杯：将开水倒入茶壶和小茶杯，当壶温、杯温升高后，把水倒入水盂。

5 分茶：将茶水均匀地倒入茶杯。

3 置茶：用茶匙将茶叶拨入茶壶，茶叶量视壶的大小而定，一般以每克茶配以 50～60 毫升的水为宜。

6 奉茶：将茶奉送给客人品用。

二、玻璃杯泡茶法

玻璃杯晶莹透明，用于泡茶可以充分观赏茶的形态。高档名优绿茶，因外形秀丽、色泽翠绿，一般用玻璃杯冲泡。玻璃杯也可冲泡白茶、黄茶等。这里以西湖龙井为例，冲泡程序如下：

1 备具：准备玻璃茶壶、玻璃杯3只、茶罐、茶盘、茶巾、茶匙、茶则、茶样盘各1个。

2 取赏茶盘：从茶盘中取出赏茶盘，放在桌子一边。

3 折茶巾：将茶巾折成长方形。

4 置杯：在茶盘中把玻璃杯逐个放好。

5 温杯：右手提水壶逐个加开水至杯子的1/3处。

6 烫杯：左手托杯底，右手握杯口，使水沿杯口转动360°。

7 弃水：当杯温慢慢升高时，把水倒入水盂。

8 打开茶罐：右手拿茶罐盖，打开。

9 取茶：用茶则取出茶叶。

10 置茶样：将茶叶置于茶样盘上。

11 理茶：用茶针整理茶叶。

12 赏茶：供宾客赏干茶的色泽和外形，闻茶香。

13 置茶：右手拿茶则，按顺序均匀地将茶叶分入各杯，每杯加入茶叶3克。

14 浸润泡（润茶）：右手提水壶，向茶杯内注入开水，至杯子容量的1/4左右（水温约 80℃）。

15 摇香：左手托杯底，右手托杯身，逆时针回转三圈，约20秒钟，使茶叶浸润，孕育茶香。

16 闻茶香：把茶杯提至鼻端，绕圈来回细闻。

17 冲泡：右手提水壶，用三升三降（凤凰三点头）的方法，使水柱均匀，加水至七分满。

18 奉茶：将泡好的茶用双手依次端送给宾客，伸出右手示意，说："请用茶。"

三、盖碗泡茶法

连盖带托的盖碗，可用来冲泡高、中档花茶。品饮花茶，重在欣赏香气，盖碗具有较好的保持香气的作用。也可用来泡绿茶，但不加盖，以免焖黄芽叶。此外，盖碗也可用于黄茶、白茶及红茶的冲泡。以茉莉花茶为例，冲泡程序如下：

1 备具：将用具（盖碗3只，茶罐、茶盘各1个，茶巾1条，茶荷1副，赏茶盘1只）置于泡茶桌上。

2 取盖：依次取下盖碗之盖。

3 温具：冲沸水入碗。

4 烫杯：加盖，左手托碗底，右手按盖，转动手腕，使水旋转。

5 弃水：左手握茶碗，右手握碗盖，将水顺势倒入水盂，盖上碗盖。

6 翻盖：翻盖碗之盖放在茶巾上。

7 置茶：用茶则从茶罐中取出茶叶，置于茶碗，约3~4克，茶水比例为1：50~60。

8 赏茶：供宾客赏干茶的色泽和外形，闻茶香。

9 浸润泡（润茶）：手提茶壶，依次向茶杯内注开水（水温为90℃），至茶碗1/4处。

10 冲泡：掀盖，右手提水壶，采用回旋斟水高冲低斟的手法加水至八分满。

11 加盖：茉莉花茶冲泡时为了防止香气散失，边冲泡边加盖。

12 焖茶：加盖焖茶。

女士品茶

男士品茶

1 以盖撇沫：接茶后，用左手托盘，右手将杯盖翻动茶汤撇去沫。

1 以盖撇沫：右手将碗盖由里到外翻动茶汤后撇去沫。

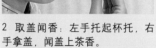

2 取盖闻香：左手托起杯托，右手拿盖，闻盖上茶香。

2 取盖闻香：右手拿盖，闻盖上茶香。

3 斜盖成流：按住碗盖，留下缝隙。

3 拿杯：以右手拇指和中指夹住杯沿，食指按住碗盖，略露缝隙。

4 小口细品。

4 品饮。

13 奉茶：将泡好的茶用双手有礼貌地送给宾客。

四、小茶壶泡茶法

小茶壶指的是江苏宜兴产的紫砂壶，紫砂壶保温性能好、透气度高，即使久放茶水也不会产生腐败的馊味，用紫砂茶壶泡茶能充分显示茶叶的香气和滋味。常用作泡乌龙茶、普洱茶等。以乌龙茶冲泡为例，介绍闽式（福建）小茶壶泡茶法。

1 备具：小茶杯、紫砂茶壶、茶罐、茶筒（内装茶斗、茶匙、茶夹各1件）、茶巾。

2 翻杯：用右手逐个翻杯。

3 赏茶：用茶匙从茶罐中取出少量茶叶，置于赏茶杯中。

4 取壶盖：左手拿壶盖，沿壶口逆时针画圆取下，置于茶巾上。

5 温壶：用开水冲入壶中，至壶1/3左右，使壶温升高。

6 加盖：沿壶口顺时针画圆加盖。

7 旋转茶壶：右手握壶柄，左手托壶旋转，以保持茶具洁净，并利于提高茶具本身温度。

8 弃水：将水倒入茶船里。

9 开盖：打开壶盖。

10 取茶漏：手托茶漏从茶斟组合
上取出。

11 置茶漏：将茶漏置于茶壶上。

12 置茶：用茶匙从茶罐中取出茶
叶，置于茶壶中。

13 取茶漏：双手取出茶漏置于茶
斟组合上。

14 冲水：右手提壶对准壶中冲入
沸水。

15 烫杯：盖上壶盖摇动茶壶，右
手再提壶逆时针依次将水倒入杯
中。

16 冲泡：提起水壶，对准壶中，
水柱均匀不断冲入壶里，水量以
溢出壶盖沿为宜，水温为100℃。

17 刮沫：用壶盖轻轻旋转刮去沾
在壶上的泡沫。

18 淋壶：用水冲淋壶身，以提高
壶温，充分泡出茶的香味。

滇红的创始人——冯绍裘

　　冯绍裘，字挹群，1900年出生。河北保定农业专科学校毕业，毕业后即投身茶业教学科研。1933年开始试制宁红，1934年因改良祁红成名，时任职中茶公司技术专员。1938年冯绍裘转往顺宁，精选了凤山鲜叶试制红茶，试制之成品外形金色毫黄、汤色红浓明亮、叶底红艳发光、香味浓郁，命名为"滇红"。后将茶样寄至香港，因其高超品质轰动茶界。从此，可与印度红茶和斯里兰卡红茶媲美的世界一流红茶诞生。

19 烫杯：采用狮子滚球法，右手依次拿杯，放入另一杯中轻轻滚动。

20 行云流水：提起茶壶，在层盘边缘绕转半周，刮去壶底的水珠。

21 关公巡城：食指轻压壶顶盖珠，中、拇指紧夹壶把手。依次来回往各杯中点斟茶水。

22 韩信点兵：将壶里最后几点茶汁斟入各杯，使茶汤滋味浓淡一致。

23 奉茶：用手势表示"请用"。

第 8 章
多样的饮茶习惯

"茶"和中国人的生活密不可分，
在多民族的文化下，
也衍生出了多样化的饮茶习惯及饮茶礼仪。

茶是中国人生活中不可缺少的生活资料，客来敬茶，更是中国人民的传统礼节。大凡宾客来访，人们总少不了敬茶一杯，以示礼貌。中国是多民族的国家，由于地理分布、传统习惯和文化上的差异，各自形成了特有的茶饮方式。

一、汉族细啜乌龙茶

小杯啜乌龙，是汉族品茶的一种独特习俗，流行于广东潮州和福建漳州、泉州、厦门等地。

乌龙茶的品饮，首先要有一套古色古香的茶具，人称"烹茶四宝"。一是玉书碨，是一只扁形赭褐色瓷质烧水壶；二是汕头风炉；三是孟臣罐，能容水 50 毫升的茶壶，赭石色，小如香橼，器底刻有"孟臣"铃记，茶壶底下还衬有一盂（水盘）；四是若琛瓯，是一种小得出奇的茶杯，约半个乒乓球大小，仅能容纳 4 毫升茶水，常为 4 只，置于椭圆形茶盘中，杯、盘、盂都为一色青釉，白底蓝色。

乌龙茶的冲泡和品饮别具一格。一般先将茶壶、茶杯分别入盂，用开水一一冲烫洗涤，尔后，壶内置半壶以上乌龙茶，即以滚烫开水冲至壶口，用壶盖拨去表层白沫，并加盖，以保其香。再用开水从顶部冲下杀菌保温。略等片刻，提起茶壶巡回注茶水于小茶杯中，使茶汤浓度均匀一致。品茶时，不能一饮而尽，应拿起茶杯（若琛瓯），先闻其香，后品其味。一旦茶汤入喉，便会感到口鼻生香，润喉生津，"两腋生风"，给人以一种美的享受。乌龙茶的品饮目的不在饮茶解渴，主要在于鉴赏其香气与滋味。

乌龙茶历来以香气浓郁、味厚醇爽、入口生香而著称，其中广东潮安的凤凰单丛，福建武夷山的水仙、肉桂，安溪的铁观音、黄金桂，台湾的冻顶乌龙均是乌龙茶之上品。乌龙茶自问世以来，一直是中国茶叶宝库中一朵永不凋萎的鲜花。前几年日本掀起乌龙茶热，席卷全国，至今不衰。现在东南亚各国视乌龙茶为茶中珍品，以重金购买，也在所不惜。

二、藏族爱喝酥油茶

西藏地处高原，气候寒冷而干燥，藏族同胞常年以肉食为主，蔬菜甚少，茶叶成了人体维生素等营养成分主要来源，因此"宁可

到藏族人家作客，主人必先献上一碗酥油茶

一日无米，不可一日无茶"。统计资料表明，西藏年人均消费茶叶15公斤，为全国之冠。

　　饮酥油茶是藏族同胞饮茶的主要方式和作为招待客人的重要礼节。每当宾客至家，主人总是奉献一碗醇香可口的酥油茶以示敬意。据传，唐贞观十五年（公元641年）文成公主入藏与松赞干布完婚时，带去大批精美工艺日用品及酒、茶等土特产。文成公主创制了奶酪和酥油，并以酥油茶赏赐群臣，从此渐成风俗。

　　酥油茶的制法是先将砖茶捣碎加水煮沸，熬制成汁，倾入木制或铜制的长圆形茶桶，加适量的酥油和少量鲜乳，经充分混合而成，有时也加一些胡桃、芝麻粉、花生仁、瓜子仁、松子仁和盐巴等作料。制好的酥油茶装入茶壶，在文火上保温，随饮随取，可以单饮，也可以将糌粑粉合成团，与茶共饮。

酥油茶的制法

　　喝酥油茶非常注重礼节。宾客一到，主妇就会在客人座桌面前摆上茶碗，倒上酥油茶，热情地说："甲通，甲通（藏语：请喝茶）！"客人用茶时，不可急于一饮而尽，在当地风俗中认为这是不礼貌的，应在喝第一碗时留下少许，以表示主妇手艺不凡，酥油茶制得好，还需再喝。喝上两三碗后，如不想再喝，就将喝剩茶脚泼在地上，表示足够，主人也就不再倒茶。

三、广东早茶最盛行

广东人喜欢喝茶，而且习惯于坐茶楼。羊城早茶由来已久，相传在汉高祖时，广州属南越，赵佗被人封为南越王。赵佗喜欢饮茶，每日清晨带僚属去临江茶楼煮饮，居民受其影响，上茶楼饮茶便渐成风俗。

广东茶楼，一日三市，以早茶最盛。广东人把早茶的"一盅两件"（即一盅茶两道点心）当成"人生一乐事"。在茶楼，家家备有红茶、绿茶、乌龙茶、六堡茶、普洱茶与香片等各种茶叶品类，以及烧麦、叉烧包、水晶包、牛肉粥、鱼片粥、虾仁粉肠等广式名点。早茶一般清晨6时开始，10时结束。在工余之日，随同全家老小或邀请几位至亲好友，登上茶楼，围坐在四方桌旁，无拘无束，畅谈家事国事，超然洒脱，使人一身轻松之感。现在广式早茶已不限于羊城，全国各大中城市已广为流传。

四、江南水乡熏豆茶

熏豆茶是流行于江南水乡浙江湖州一带的民间茶饮。始于唐代。据传这一习俗与陆羽有关，是唐广德二年（公元764年）春秋时节，陆羽经德清去余杭，在东苕溪沿岸考察茶情时传授的煎茶技艺。

熏豆茶在湖州，一般用来招待宾客或在"打茶会"时使用。"打茶会"是湖州一带特有风俗。凡已成婚妇女，每年都要在本村相互请喝茶3~5次。事先约好日期，主人在约好的那天下午，劈好柴爿，洗好茶碗，煮好茶水，在家等候姐妹们的到来。客人一到，主人就搬出珍藏家中的茶罐（石灰缸），取出细嫩的茶叶，再加入近百粒事先制好的熏青豆、胡萝卜干丝、野芝麻、橘皮等，用沸水冲泡于盖碗杯中，盖上5分钟，开启碗盖，清香扑鼻，熏青豆在碗中翻浮飘荡，红、绿、黄三色相间，溢散出嫩茶清香与熏豆鲜味。妇女们边品茶，边话家常，谈笑风生，热闹非凡。"打茶会"是乡间妇女聚会的一种方式，千百年来，流传不衰！

五、傈僳族人雷响茶

饮雷响茶是傈僳族人茶饮方式和待客礼仪，流行于云南怒江一带傈族聚居地区。傈僳族人家里来客，主人会捧出大、小瓦罐，亲自煮茶待客。大瓦罐用于煨开水，小瓦罐用于烤饼茶。将碾碎的饼茶烤香后，用开水冲入小瓦罐中煮5分钟，滤去茶渣后，茶汁倒入酥油桶，再加酥油及炒熟碾碎的核桃仁、花生米等，最后将钻有洞孔的鹅卵石用火烧红放入桶内，以提高茶汤温度，融化酥油。此时鹅卵石会在桶内作响，有如雷鸣，故称"雷响茶"。由于酥油与茶难以融合，因此需用木杆在桶内上下搅拌数百下，使其充分融化后，倒入茶碗，并趁热待客。雷响茶有咸、甜两种口味，加盐或糖，在制作时可任意选择。

六、蒙古包里喝奶茶

蒙古族人爱喝奶茶，每年人均消费茶叶多达7～8公斤，在全中国也很少见。人人都说"民以食为天"，一日三餐是不可少的，但蒙古人民却习惯于"一日三茶一餐"。即每天早、中、晚都喝奶茶，只在傍晚收工后才进餐一次。蒙古人的奶茶制法，以青砖茶为原料，先将茶砖捣碎，放入铜壶加水煮开，再加适量的牛（羊）奶和少许食盐即成。粗看十分简便，但要制好咸奶茶也非易事。如用什么锅煮茶、茶放多少、水加几成、何时加盐、用量多少、先后次序等都应恰到好处，只有在器、茶、奶、盐、温相互协调时，才能煮出醇香可口的好奶茶。牧民们在喝奶茶时，习惯同时吃一些炒米、油炸果之类点心，因此虽一日只进餐一次，亦无饥饿之感。

七、桃花源里喝擂茶

擂茶，又名"三生汤"，是一种用生叶（鲜茶叶）、生米仁、生姜，经捣碎加水烹煮而成的多味茶，流行于湖南常德市桃江一带。

擂茶所需的工具

制作时，先将三种原料放入用山楂木制的擂钵中，用力将其捣成糊状，再用沸水冲泡后煮沸，即成乳白色的擂茶。依各人的喜好不同，在擂茶中加糖或盐，甚至炒熟的芝麻、花生米、黄豆、南瓜子等。

传说擂茶初作药用，远在三国时蜀国将领张飞南征五溪，驻扎桃花源乌头村一带，一夜之间瘟疫流行，军士病倒大半。焦急之际,从山湾深处走来一位老妪,擂制了"擂茶——三生汤",让军士冲服,军士竟然痊愈。此后,当地居民争相饮用,沿袭至今,遂成习俗。

八、纳西族爱龙虎斗

龙虎斗是一种民族茶饮方式和待客礼仪,用茶和酒冲泡调和而成,流行于云南纳西族聚居地区。其制法是先将茶叶置于小陶罐中,在火塘边烘烤,待茶呈焦黄色时,冲入开水用火熬煮。再在空茶盅中倒入半盅白酒,待茶煮好后,将茶水冲入盛有白酒的茶盅(切不可反过来,将酒倒入热茶内),此时杯中会发出悦耳声响,引客欢笑,随即将茶盅送给客人饮用。龙虎斗具提神、解劳和预防风寒的功效。据当地人讲,一旦感冒病人喝下一杯龙虎斗,便会浑身发汗,顿觉身心轻快,感冒全消。饮龙虎斗远胜服用一些治感冒药物。

九、桂北擅长打油茶

打油茶是流行在广西北部侗、壮、瑶、苗、汉多民族聚居地的一种民间饮茶习俗。当地各民族风情虽有不同,但家家户户都习惯于打油茶,人人喝油茶。

打油茶起源何时已无法考证,老人都说是祖辈传下来的。打油茶的做法,先是放茶油入锅,再倒进茶叶翻炒,至发出茶香时加芝麻、盐、生姜等作料,再加水煮沸,撒上葱花即成。油茶是当地人民的一种生活必需品,因此,自然成了一种招待客人的高尚礼仪。但待客油茶更为讲究,事先要准备好美味香脆食品,诸如鸡块、猪肝末、鱼子、花生米、爆米花等,分别装入茶碗。再把打好的滚烫油茶注入盛有食品的茶碗之中。打好油茶,主人彬彬有礼地把筷子、油茶一一献给客人。客人起身双手接茶,慢慢品尝。按照当地风俗,客人一般需饮三碗。茶行三遍,才算对得起主人,所以有"三碗不见外"之说。

十、白族崇尚三道茶

三道茶是云南白族的民间茶俗。起源于公元8世纪南诏时期,流行于云南大理白族居住地区。白族人家,不论逢年过节、生辰寿诞、男婚女嫁等喜庆日子,还是在亲朋好友登门造访之际,主人都会以"一苦二甜三回味"的三道茶款待宾客。

这就是地道的白族三道茶

身穿传统服饰的白族少女

三道茶的冲泡法

大凡宾客上门，主人依次向宾客敬献苦茶、甜茶和回味茶，既清凉解暑、滋阴润肺，又陶情养性，寄寓"一苦二甜三回味"的人生哲理。

第一道苦茶，采用大理产的感通茶，用特制的陶罐烘烤冲沏，茶味以浓酽香苦为佳。白族称这道茶为"清苦之茶"，它寓意做人的道理："要立业，就要先吃苦"。第二道甜茶，以下关沱茶、红糖、乳扇、核桃为主要原料配制，其味香甜适口，寓意"人生在世，做什么事，只有吃得苦，才会有甜香来"。第三道回味茶，以苍山雪绿茶、冬蜂蜜、椒、姜、桂皮等主料泡制而成，生津回味，润入肺腑，它寓意人们，要常常"回味"，牢记住"先苦后甜"的哲理。

主人款待三道茶，一般每道之间相隔 3 ~ 5 分钟。另外，除茶外，在桌上还摆放瓜子、松子、糖果之类，以增加品茶情趣。

1 白族三道茶中的第一道茶——苦茶。

2 白族三道茶中的第二道茶——甜茶。

3 白族三道茶中的第三道茶——回味茶。

十一、彝族流行罐罐茶

居住在云南思茅地区高山的彝族人民，平时食用蔬菜甚少，茶自然成了当地人民不可缺少的生活资料。喝茶在城市和乡村方式不一，城市多为清茶冲饮，而农村则普遍流行喝罐罐茶。

罐罐茶是中下档炒青绿茶，在罐内熬制而成，故得名。熬茶罐用陶土烧制而成，罐高约 10 厘米，口径 5 厘米，罐腹 7 厘米。当地人认为，用土陶罐煮茶，通透性好，散热快，茶汤不易变味，有利于保香、保色和保味。

罐罐茶的煮法特异，先往罐内装小半罐水，置于火上煮，水沸后放入茶叶5～8克，边煮边拌，使茶水相融，煮沸片刻后，再加水八成满，到再次沸腾，即可倾汤入杯，小口饮呷。罐罐茶味浓烈而苦涩，起提神、去腻、祛病作用，当地人早上出工前和晚上收工后，都少不了喝几杯，久而久之成了习俗。

罐罐茶的冲泡法

1 置具

4 闻香

2 烤罐

5 冲泡

3 放茶叶

6 分茶

第9章

茶与健康

茶含有丰富的营养成分，
具有调节人体机能的作用，
对健康有实际的效益。

神农尝百草，日遇七十二毒，得茶而解之。可见茶最早是作为药物用途的，历代医家名流对茶的药用价值都有详尽记述。从医药角度而言，茶叶有以下几个特点：

一、茶叶中丰富的营养成分

人体中含有 86 种元素，而茶叶中已查明存在有 28 种元素，其中氟、钾、锰、硒、铝、碘等几种元素含量很高。每天饮茶 10 克透过茶汤饮入的钾达到人体每日需要量的 6%～10%，锰可达到一半左右。氟在茶叶中的含量很高，占人体需要量的 60%～80%。

茶叶中还含有多种维生素，尤其是维生素 C 的含量，绿茶中每 100 克含 100～250 毫克，可与动物肝脏、柠檬相媲美，红茶的维生素 C 含量不高。维生素 B 的含量在各种绿茶中约每 100 克含 200～600 微克，乌龙茶和红茶的含量较低，约在 100～150 微克，每杯茶约有 2～3 微克。维生素 B_2（核黄素）的含量也是绿茶稍高于红茶，绿茶的含量约为每 100 克茶叶中 1.2～1.8 毫克，红茶和乌龙茶为 0.7～0.9 毫克，维生素 B_2 在水中的溶解度较低，每杯茶含量约 17～34 微克。维生素 B_5（泛酸）在茶叶中的含量也较高，100 克绿茶中含 5～7.5 毫克，红茶高于绿茶，在 10 毫克左右。由于维生素 B 群一般易溶于水，因此泡茶时大部分进入茶汤。维生素 E 虽在茶叶中的含量高于其他食品，但它是脂溶性化合物，因此泡茶时不易泡出。维生素 K 的含量每 100 克茶中有 300～500 国际单位，每天饮茶 5 杯即可满足人体需要。每 100 克干茶中维生素 P 的含量为 300～400 毫克。除维生素外，茶叶中还含有 2%～4% 氨基酸，尤其是绿茶中含量更高。其中茶氨酸是茶叶中特有的氨基酸，能消除人体紧张状态，同时具有抗癌效果。

茶叶中含有 0.3%～1.0% 单糖（葡萄糖、果糖），0.5%～3% 双糖（麦芽糖、蔗糖等）和 1%～3% 多糖，其中单糖和双糖易溶于水，多糖不溶于水，但对人体具有降血糖效果。

二、调节人体机能的作用

医学体系包括预防医学、治疗医学和康复医学。茶叶除了提供营养成分外，还是一种良好的人体机能调节剂。因此，从预防医学和康复医学角度而言，茶是很有价值的保健食品。

根据目前研究显示，茶叶具有以下作用：

1．预防衰老

人体中脂质过氧化过程和过量活性氧自由基的形成是人体衰老的主因，茶叶中的多酚类化合物具有良好的抗氧化活性、抑制脂质过氧化以及清除自由基的作用，效果甚至超过维生素 C 和维生素 E。因此在日本、韩国和中国已将绿茶多酚开发成一种抗老化的辅助药物。

2．提高免疫机能

人体包括两个免疫系统，一是血液免疫，饮茶可以提高人体白血球和淋巴细胞的数量和活性，增加免疫功能；二是肠道免疫，人体肠道中的有益细菌（如双歧杆菌）起着肠道免疫的功能，饮茶可以使肠道中有益细菌数量明显增加，使大肠杆菌、赤痢菌、沙门氏菌等有害细菌数量减少，免除肠道疾病的发生。

3．降压、降脂

高血压是人类常见病。从中医学讲，高血压为真阴亏虚，虚火内燃所致，而茶叶具清热作用，因此具降压功能。从西医学讲，高血压受血管紧张素调节，血管紧张素分Ⅰ、Ⅱ两型，Ⅰ型无升压活性，Ⅱ型具升压活性，饮茶可以降低Ⅱ型血管紧张素活性，因此具降压功能。在中国的传统医学中有不少以茶为主的复配药方治疗高血压和冠心病。根据对人群中饮茶和高血压间的调查显示，喝茶的人群比不喝茶的人群有较低的高血压发病率。

血液中脂质含量过高是中年人的常见病。血脂高会使脂质在血管壁上沉积，引起冠状动脉收缩、动脉粥样硬化，形成血栓。血脂高是指血液中胆固醇、三酸甘油酯含量偏高。胆固醇又可以分低密度胆固醇和高密度胆固醇，前者是有害的胆固醇，具有促进人体动脉粥样硬化的不良作用，后者是有益的胆固醇，具有预防和改善动脉硬化的功效。饮茶证明可以降低低密度胆固醇和提高高密度胆固醇的功效，同时可以增加体内脂肪的分解，起到减肥的作用。

4．降血糖，防治糖尿病

糖尿病是当今社会中的一种常见病，是一种以高血糖为特征的代谢内分泌疾病。茶具有降低血糖的作用，对糖尿病有明显疗效，中国传统医学中就有以茶为主要原料的配伍用以治疗糖尿病。

5．防龋齿

龋齿是人类特别是城市居民的常见病，龋齿的病因是细菌，最重要的是变形链球菌。饮茶防龋的作用有三个方面：一是茶叶中含有高量的氟，氟可以置换牙齿中的羟磷灰石中的羟基，变成氟磷灰石，对龋齿菌所分泌的酸有较强的抵抗力；二是茶叶中的儿茶素类化合物对龋齿细菌有很高的杀菌力；三是茶叶中的儿茶素类化合物可以抑制龋齿细菌本身分泌的一种酶，这种酶的作用是将口腔中的蔗糖变为葡聚糖，使得牙齿表面的电荷发生改变，使得牙齿表面的电荷与细菌的电荷不一样，这样龋齿菌就可以附着在牙齿表面。而儿茶素类化合物对这种酶有强抑制作用，这样就不能形成葡聚糖，龋齿菌就不能黏附在牙齿表面。中国、日本、美国进行的大量调查研究表明，每天饮茶一杯可使龋齿率明显下降。目前中国、日本、韩国都有把粗茶的提取物加入牙膏中，具有很好的防龋效果。

6. 杀菌抗病毒

茶叶中的儿茶素对许多有害细菌（如金色葡萄球菌、霍乱弧菌、鼠伤寒沙门氏菌、肠炎沙门氏菌等）具有很强的杀菌和抑菌效果，在中国和俄罗斯都有用饮用浓茶叶煎汁防治肠道疾病的报道，其效果与黄连素的效果相仿，而且持效长久。此外，茶叶对人体皮肤的多种病原真菌有很强的抑制作用。

7. 抗癌抗突变

癌症是当今世界上引起人类死亡率最高的疾病之一。为了验证茶叶中儿茶素类化合物对多种人体癌症（如皮肤癌、肺癌、胃癌、乳腺癌等）的疗效，中国、美国、日本等许多国家都进行了活体与临床实验，结果表明，茶叶中的儿茶素确实对多种癌症具有明显的预防和一定的抑制、治疗效果。这种效应表现为肿瘤数量变少，大小变小，患有肿瘤的动物的比率下降。中国和日本的流行病学调查也证明饮茶和皮肤癌、胃癌、口腔癌、肝癌有明显负相关。

由此可见，饮茶有益于健康，茶叶不仅是饮品，还具有防龋、降压、降血脂、降血糖、预防动脉粥样硬化、预防脑血栓、预防糖尿病、防衰老、防辐射、抗癌抗突变、杀菌抗病毒等功效。

宋代著名诗人苏东坡写有："何须魏帝一丸药，且尽卢仝七碗茶。"

请君多饮茶。